高等职业教育机电类专业系列教材
"互联网+"新形态立体化教学资源特色教材

机电设备PLC控制与调试

主　编　洪　震　周丽娜

副主编　陈元龙　杨建明　覃智广　王　莉

参　编　张少云　彭朝毅　徐明霞　张　燕

　　　　钟春健　唐　波

主　审　贺元成

U0205962

中国轻工业出版社

图书在版编目（CIP）数据

机电设备 PLC 控制与调试/洪震，周丽娜主编 . —北京：
中国轻工业出版社，2023.2
高等职业教育机电类专业系列教材
ISBN 978-7-5184-3640-8

Ⅰ . ① 机… Ⅱ . ①洪…②周… Ⅲ . ①电气控制—高等职业
教育—教材②PLC 技术—高等职业教育—教材 Ⅳ . ①TM571. 2
②TM571. 6

中国版本图书馆 CIP 数据核字（2021）第 167684 号

责任编辑：张文佳 责任终审：李建华 封面设计：锋尚设计
版式设计：霸 州 责任校对：宋绿叶 责任监印：张 可

出版发行：中国轻工业出版社（北京东长安街 6 号，邮编：100740）
印　　刷：艺堂印刷（天津）有限公司
经　　销：各地新华书店
版　　次：2023 年 2 月第 1 版第 1 次印刷
开　　本：787×1092 1/16 印张：14.5
字　　数：300 千字
书　　号：ISBN 978-7-5184-3640-8 定价：59. 80 元
邮购电话：010-65241695
发行电话：010-85119835 传真：85113293
网　　址：http：//www. chlip. com. cn
Email：club@ chlip. com. cn
如发现图书残缺请与我社邮购联系调换
210410J2X101ZBW

前　言

构想与目的

2019 年 1 月 24 日国务院出台的《国家职业教育改革实施方案》中明确提出："职业教育与普通教育是两种不同的教育类型，具有同等重要地位。"然而，职业教育在我国目前的教育体系中并不占优势，且存在专业培养与职业需求之间不适应等问题。因此，改革职业教育理念，深化富有本土特色的现代化国际职教模式，开发配套的课程资源，能够平衡学生职业技能培养和企业岗位需求之间的关系，进而有助于提高人才培养质量。方案中同时还指出："倡导使用新型活页式、工作手册式教材并配套开发信息化资源。"因此，开发与教学连接紧密的活页式教材，一方面可以顺应国家政策指向，另一方面也能成为提高人才培养质量的重要手段。

本教材立足于国家"十四五"规划，着力于《中国制造 2025》，落脚于培养"有理想、有本领、有担当"的新时代"三有"青年。教材以机电一体化技术专业、工业机器人技术专业等智能制造类专业的国家教学标准为依据，紧紧围绕"坚持立德树人的导向，一切以学生为中心，坚持校企深度合作"的编写理念，尽可能满足我国高素质技术技能型人才培养的需要。

教学单元结构

通过本教材的学习，中、高职院校学生可以了解以 PLC 为核心的控制技术，了解自动化生产设备的工作原理和功能操作，典型机电一体化系统装配、调试等方面的能力能够得到综合训练。在学习过程中，提升学生的专业能力，同时培养学生爱岗敬业、团结协作的职业素养。

教材包括三个学习项目：项目 1 道闸控制系统安装与调试；项目 2 洗车控制系统安装与调试；项目 3 分拣控制系统安装与调试。每一个项目都由 6 个任务做引导，即通过完成若干任务来完成相关知识的学习。项目采用基于工作过程的线索展开，经企业调研，一般控制系统设计包括系统分析、系统设计、硬件连接、软件编程、综合调试和系统交付六个部分，因此，每个教学项目亦是根据实际工作过程中的六个步骤完成。下表为教学内容与课时分配。

本书教学内容与课时分配

项目名称	任务		参考学时
项目 1　道闸控制系统安装与调试	任务 1.1　道闸控制系统任务分析	4	32
	任务 1.2　道闸控制系统总体设计	4	
	任务 1.3　道闸控制系统硬件安装与检测	8	
	任务 1.4　道闸控制系统软件程序设计	8	
	任务 1.5　道闸控制系统调试	4	
	任务 1.6　道闸控制系统交付	4	

续表

项目名称	任务		参考学时
项目 2　洗车控制系统安装与调试	任务 2.1　洗车控制系统任务分析	4	24
	任务 2.2　洗车控制系统总体设计	4	
	任务 2.3　洗车控制系统硬件安装与检测	4	
	任务 2.4　洗车控制系统软件程序设计	4	
	任务 2.5　洗车控制系统调试	4	
	任务 2.6　洗车控制系统交付	4	
项目 3　分拣控制系统安装与调试	任务 3.1　分拣控制系统任务分析	4	24
	任务 3.2　分拣控制系统总体设计	4	
	任务 3.3　分拣控制系统硬件安装与检测	4	
	任务 3.4　分拣控制系统软件程序设计	4	
	任务 3.5　分拣控制系统调试	4	
	任务 3.6　分拣控制系统交付	4	

特点

● **选择与社会生产生活密切相关的教学载体**。根据高职教育的"课程内容与职业标准对接，教学过程与生产过程对接"理念，教材选择来源于生产生活中的载体，实现教学与生产实际"零距离"对接，培养学生的岗位工作能力。教学过程中建议突出工作过程载体（项目）的学习与知识的联系，让学生在职业实践活动中掌握知识，提高学生的独立思考和实践动手能力。

● **依据工作过程设置教材章节**。通过实地走访自动化设备生产企业，发现自动化生产线的研发过程具有普遍性和典型性。自动化生产线，特别是非标准自动化生产线在开发产品时，按照时间顺序一般包括：了解客户要求、设计硬件系统列出元气件清单、元气件选型与采购、设计工艺流程图、现场安装调试、用户培训、维修协调、列出易损清单、现场验收和付款等环节。根据实际工作过程，将实际工作过程归纳和提炼，设计出适合课堂教学的教学过程，分为任务分析、总体设计、硬件安装与检测、软件程序设计、系统调试和系统交付六个教学环节。

● **依据教育心理学原理指导设计教材章节**。学生心理发展规律是教学设计的重要依据。本教材的学习任务是设计制作典型机电一体化产品，属典型的智力技能学习。根据教育心理学原理中智力技能形成的三个阶段（技能定向阶段、技能操作阶段、技能内化阶段），围绕项目实施过程对应技能形成的心理阶段，在每个任务中安排任务描述、预习任务、资讯、计划与决策、实施与检查、评价与总结。其中，"资讯"是搜集完成任务的信息，分析解决问题的条件、要素等。"计划"是制订完成项目的工作计划。"决策"是最终确定工作方案。"实施"是按照工作计划完成工作任务的过程。"检查"是对照任务要求调整、完善实施过程，检视产品成果。"评价"是对产品生产过程与产品成果的审视评判，包括小组内评价、小组之间评价、教师评价。

致谢

本书由泸州职业技术学院洪震、周丽娜主编，贺元成主审。洪震负责全书章节内容的设计和全书最后的审定，周丽娜具体实施了资讯部分的编写。兴文职业技术学校陈元龙编写了实施与检查部分，泸州市电子机械学校杨建明编写了计划与决策部分，宜宾职业技术学院覃智广编写了任务描述部分，泸州职业技术学院王莉编写了预习任务部分，泸州职业技术学院张少云从育人角度提出建议，并编写了思政案例部分，浦江县技工学校彭朝毅、徐明霞，泸州市职业技术学校张燕等参与了本书实践部分编写、查阅参考文献、课件制作、专项练习等相关工作。四川邦力重机有限责任公司工程师钟春健、泸州经纬集团公司唐波从企业生产角度提出建议并参与编写，泸州市天执科技有限公司给予相关技术支持。

由于编者水平有限，编写时间仓促，难免有疏漏之处，恳请读者批评指正。

编　者

目　录

项目 1

道闸控制系统安装与调试

工作要求

道闸控制系统被广泛应用于车库入口控制、火车站人流控制等场所，其工作过程为接收到控制信号以后，控制抬杆或放杆动作，最终实现车或人的进出控制。本项目是一款基于 PLC 的道闸控制系统设计，围绕道闸控制系统的制作过程按任务分析、总体设计、硬件安装与检测、软件程序设计、系统调试和系统交付等内容展开学习。常见的道闸控制系统如图 1-1 所示，包括控制模块、驱动电机和栏杆三个部分，通过电机的正反转分别控制抬杆和放杆动作，道闸控制系统计算机设计 3D 图如图 1-2 所示。具体控制要求为：

模式一：按下绿色开始按钮抬杆，松开按钮停止抬杆。

模式二：按下绿色开始按钮抬杆，松开按钮继续抬杆，直到按下红色按钮，停止抬杆。

模式三：按下绿色按钮抬杆 90° 后自动停止，按下红色按钮，栏杆复位。另配急停按钮。

图 1-1　道闸控制系统

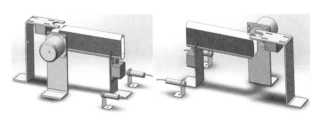

图 1-2　道闸控制系统计算机设计 3D 图

学业安排与目标（图 1-3）

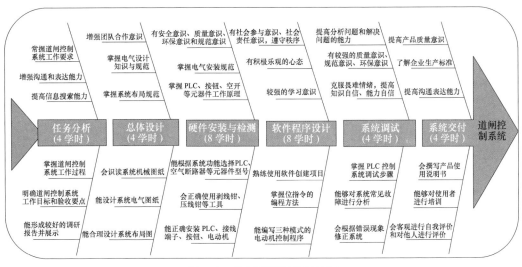

图 1-3　学习时间与目标计划

注意事项

（1）工作过程中，始终将安全放在第一位。

（2）应爱护工具和保护环境。

任务 1.1 道闸控制系统任务分析

1.1.1 任务描述

学习目标

(1) 了解基于 PLC 控制的杆式道闸控制系统工作原理。

(2) 通过了解控制技术在日常生活中的应用，提高专业学习信心，提升专业认同感。

(3) 通过分析道闸控制系统，掌握一般控制系统的组成与工作过程。

(4) 通过了解系统成本及产品运营方式，培养创业意识。

(5) 锻炼搜集信息的能力。

(6) 锻炼语言表达和文字整理能力。

工作内容

调研 PLC 应用现状，分析基于 PLC 实现道闸控制的可行性，总结基于 PLC 的道闸控制系统工作原理，形成调研报告。

任务准备资料

(1) 工具：计算机、网络及相关文字处理软件。

(2) 资料查阅：相关论坛、贴吧、小木虫等网站查阅最新资料。

注意事项

细致认真，有逻辑，实事求是，数据真实可靠。

1.1.2　预习任务

（1）基于 PLC 的杆式道闸控制系统由哪几个部分组成？

（2）什么是 PLC？哪些自动控制系统是由 PLC 作为控制核心实现功能的？

（3）什么是自动控制技术？有何优势？

（4）道闸控制系统的应用现状如何？

（5）如何撰写调研报告？

1.1.3　资讯

（1）知识储备

① 自动控制系统工作原理。道闸控制系统属于简单控制系统的一种，但无论控制系统简单还是复杂，一般都包含测量反馈元件、控制器和执行元件，如图 1-4 所示。在本项目中，中央逻辑控制器是 PLC，电机为执行模块，最终控制栏杆的抬起和放下。复杂控制系统还包括定制元件、测量变送元件和比较元件等。

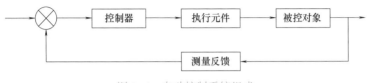

图 1-4　自动控制系统组成

 想一想：什么是反馈？

② 基于 PLC 的控制系统的典型组成。基于 PLC 的控制系统的典型组成包括控制器与输入输出模块、传感器与执行器、人机交互、网络通信、编程设备和项目管理软件六个部分，其系统组成如图 1-5 所示。

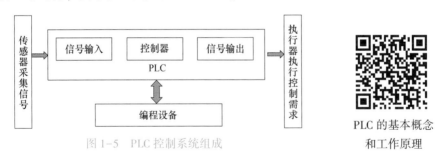

图 1-5　PLC 控制系统组成

PLC 的基本概念和工作原理

③ 基于 PLC 的道闸控制系统工作原理。本控制系统以 PLC 为控制核心，实现逻辑控制功能，通过电机控制模块控制电动机转动，进一步控制栏杆的升降。同时，通过网络模块和传感检测模块，使系统实现远程控制和保护功能，如图 1-6 所示。

图 1-6　基于 PLC 的道闸控制系统组成

想一想：PLC 的扫描工作过程？

④ 调研报告的撰写。市场调研报告是一种专题调研报告，是在对商品调查分析的基础上撰写的整理市场信息、揭示经营规律、提供决策参考的一种调研报告。市场调研报告的基础是深入扎实的市场调查，能够全面、准确地反映市场行情，如消费者的消费习惯、产品份额、经营策略等信息，快速地反映市场变化，及时为企业决策提供参考意见。本项目调研报告主要指对道闸的调研，包括调研道闸在市场上的供求比例、潜在销售量、利润、消费者满意度、产品构造、工作原理、产品生命周期等。市场调研报告的结构一般包括标题、前言、主体、结尾、附件等部分。

（2）学习材料和工具清单

序号	名称	详细信息
1	中国大学 MOOC《电气控制实践训练》课程	https://www.icourse163.org/course/XMU-1001770002
2	西门子官网	https://new.siemens.com/cn/zh.html
3	各类道闸门业官网（含天猫和京东等）	—
4	中国大学 MOOC《写作与交流》课程	https://www.icourse163.org/course/JIANGNAN-1001753344
5	《秘书写作实务（第 2 版）》	朱利萍,等,重庆大学出版社,2014
6	《中国机械工程发明史》	刘仙洲,北京出版社,2020

1.1.4　计划与决策

分析基于 PLC 的杆式道闸控制系统工作要求,完成调研报告的撰写。

工作计划

序号	工作内容	使用工具	注意事项	工作时间	
				计划时间	实际时间
1					
2					
3					
4					
5					

日期　　　　　　　　教师　　　　　　　　小组成员

1.1.5 实施与检查

1. 分析基于 PLC 的杆式道闸控制系统工作要求,完成撰写调研报告的实施与检查。
2. 分组展示调查结果,每组 10min。

1.1.6 评价与总结

检测编号	测量值	小组互评(30%)	教师评价(70%)
1	调研内容与主题的契合度		
2	对主题的认知与理解		
3	工作态度		
4	报告撰写规范		
5	最终呈现作品效果		
合计			

调研报告效果是否符合要求: 是 ○   否 ○

评价人: 日期:

_____专业	机电设备 PLC 控制与调试	评价与总结
	项目 1 道闸控制系统安装与调试	学习任务 1.1

任务 1.2 道闸控制系统总体设计

1.2.1 任务描述

学习目标

(1) 掌握 PLC 的概念和工作原理。

(2) 掌握电动机的工作原理。

(3) 会设计 PLC 控制电机点动、长动和正反转。

(4) 掌握电气控制系统设计规范。

(5) 提高团队合作意识。

工作内容

完成基于 PLC 的道闸控制系统设计，具体包括识读系统机械图，设计系统电气原理图，设计系统元件安装布局图。

任务准备资料

(1) 工具：计算机、网络、EPLAN 软件、CAD 软件及相关文字处理软件。

(2) 资料查阅：相关论坛、贴吧、小木虫等网站查阅最新资料。

注意事项

设计符合国家标准、美观、合理。坚持精益求精，不断完善。

1.2.2　预习任务

（1）什么是电气控制电路？什么是电气原理图？

（2）什么是元件安装布局图？

（3）绘制电气原理图的规则是什么？

（4）电气元件布置图的规则是什么？

（5）电气安装接线图的规则是什么？

1.2.3　资讯

（1）知识储备

① 绘制电气原理图的一般规则。

a. 电路图一般由电源电路、主电路和辅助电路组成。

b. 电气原理图中的所有元件都应采用国家标准中规定的图形符号和文字符号表示。

c. 电气原理图中电气元件的布局应根据便于阅读的原则安排。

d. 所有电气元件的可动部分都应按照没有通电和没有外力作用时的初始开、关状态画出。

e. 无论主电路还是控制电路，各电气元件一般按动作顺序从上到下、从左到右依次排列，可水平布置或垂直布置。

f. 电气原理图中尽量减少线条交叉。

g. 具有循环运动的机械装备，应在电路原理图上绘出工作循环图。

h. 由若干元件构成的具有特定功能的环节，可用虚线框括起来，并标注出各环节的主要作用。

i. 对于外购的成套电气装置，应将其详细的电路与参数绘制在电气原理图上。

j. 电气元件的型号、文字符号、用途、数量、额定技术数据均应填在元件明细表中。

 议一议：本项目所涉及的电气元件有哪些？符号分别是什么？

② 电路编号及图区划分。

a. 三项交流电源采用 L1、L2、L3 标记，主电路按 U、V、W 相序标记。

b. 辅助电路用不多于 3 位的阿拉伯数字编号。

c. 按功能将电路图划分为若干个图区。

③ 电气控制系统元气件布局规范。

a. 各电气符号与有关电路图和元件清单上的所有元件符号相同，电气元件布局图中不标注元件尺寸。

b. 必须遵循相关国家标准设计和绘制电气元件布局图。

c. 相同类型的电气元件布局时，应把体积较大和重量较重的安装在控制柜或者面板的下方。

d. 发热元件应安装在控制柜或者面板的上方或后方，但热继电器一般安装在接触器的下方，以方便电机与接触器的连接。

e. 需要经常维护、整定和检修的电气元件、操作开关、监视仪器仪表，其安装位置应高低适宜，方便操作人员操作。

f. 强电、弱电应分开走线，注意屏蔽层的连接，防止干扰的窜入。

g. 电气元件的布局应该考虑安装间隙，并尽可能做到整齐、美观。

（2）学习材料和工具清单

序号	名称	详细信息
1	中国大学 MOOC《电气控制实践训练》课程	https://www.icourse163.org/course/XMU-1001770002
2	西门子 S7-200 SMART CPU 模块	1 套
3	数显万用表	1 套
4	内六角扳手	1 把
5	小一字螺丝刀	1 把
6	小十字螺丝刀	1 把
7	大十字螺丝刀	1 把
8	剥线钳	1 把
9	压线钳	1 把
10	活动扳手	1 把
11	M5 内六角螺丝	若干
12	线鼻子	若干

1.2.4　计划与决策

分析基于 PLC 的杆式道闸控制系统工作要求，完成系统设计的计划与决策。

工作计划

序号	工作内容	使用工具	注意事项	工作时间	
				计划时间	实际时间
1					
2					
3					
4					
5					

小组成员

教师

日期

1.2.5　实施与检查

步骤 1：识读道闸控制系统机械图（图 1-7、图 1-8）。

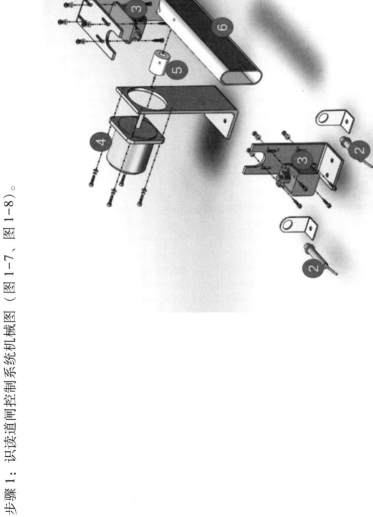

1—安装支架；2—两个电感传感器；3—两个行程开关；4—三相异步电动机；5—联轴器；6—栏杆。

图 1-7　道闸控制系统结构图

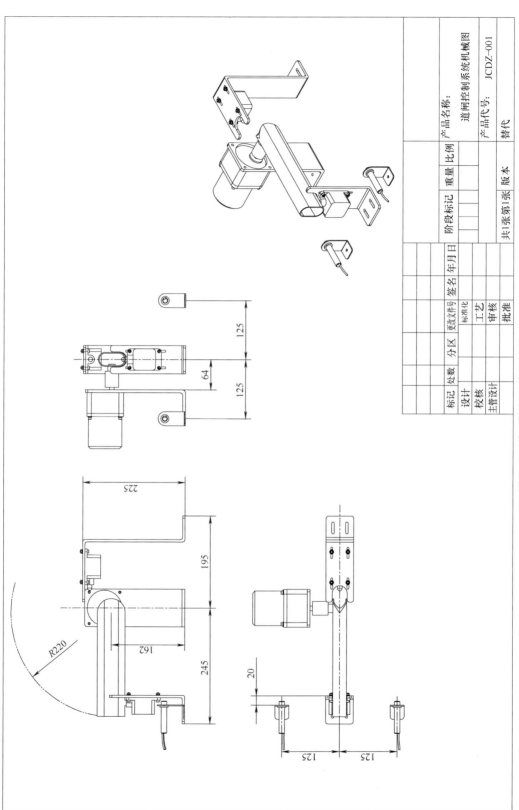

图 1-8　道闸控制系统机械图

步骤 2：设计系统电气原理图（图 1-9～图 1-11）。

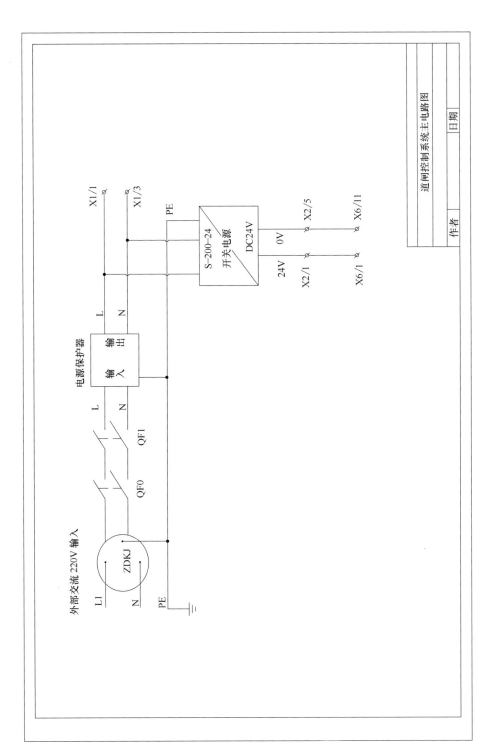

图 1-9　道闸控制系统主电路图

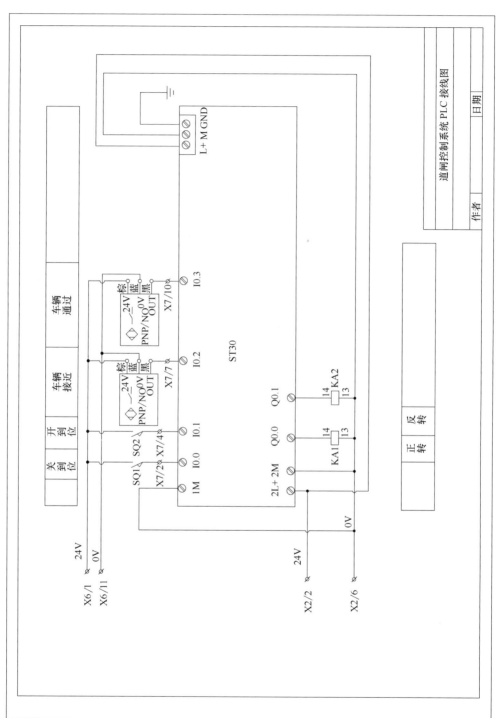

图 1-10 道闸控制系统 PLC 接线图

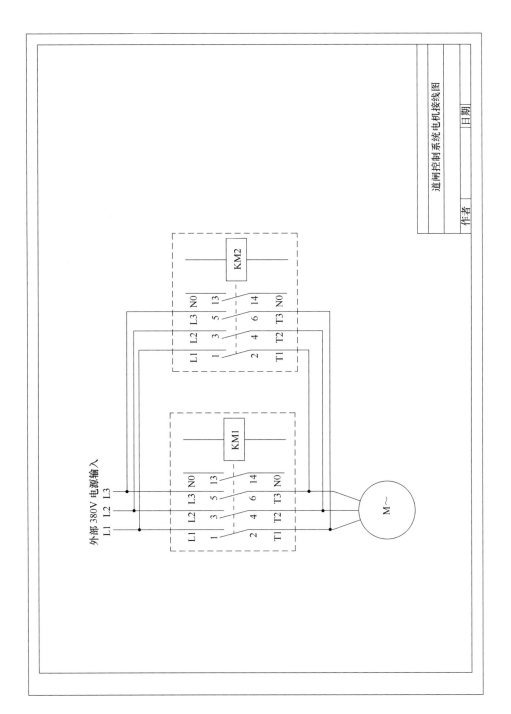

图 1-11　交流接触器接线图

步骤 3：设计控制系统布局图。

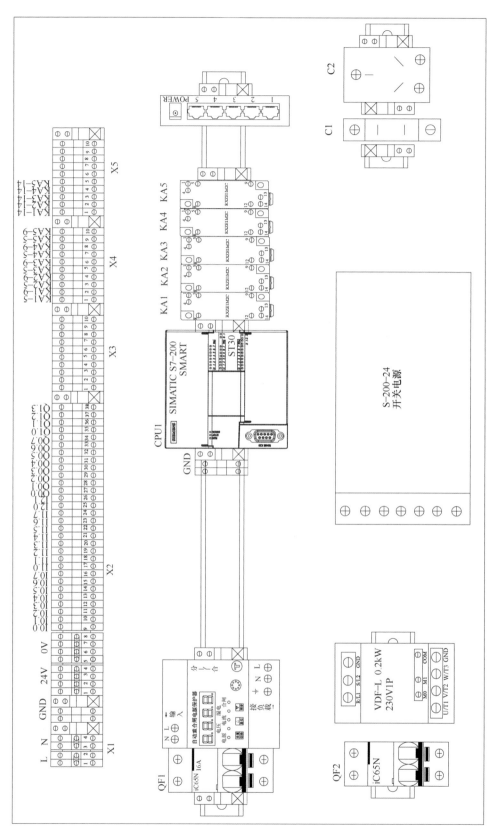

图 1-12　道闸控制系统布局图

1.2.6　评价与总结

检测编号	测量值	小组互评(30%)	教师评价(70%)
1	识读系统机械图		
2	电气原理图的合理性		
3	工作态度		
4	系统布局合理		
5	最终呈现作品效果		
合计			

道闸控制系统设计效果是否符合要求：　　　　是　○　　　　否　○

评价人：　　　　　　　　　　　日期：

_____专业	机电设备 PLC 控制与调试	评价与总结
	项目 1　道闸控制系统安装与调试	学习任务 1.2

任务 1.3　道闸控制系统硬件安装与检测

1.3.1　任务描述

学习目标

（1）有安全意识、质量意识、环保意识。

（2）掌握电气安装规范。

（3）掌握 PLC、空开、中间继电器、交流接触器的工作原理。

（4）能根据系统功能选择元器件型号。

（5）会正确安装和连接导轨、PLC、按钮。

（6）会正确使用剥线钳、压线钳、万用表等工具。

工作内容

明确工作任务，包括机械部分安装和电气部分安装。机械部分包括支架单元安装、传感器单元安装、电机单元安装。电气部分包括导轨安装、电源模块安装、CPU 安装，中间继电器、交流接触器、按钮和导线安装等。在安装完成后进行检测，包括目测和使用工具测量。

任务准备资料

（1）元气件：网孔板、导轨、电源模块、空气开关、接线端子、PLC、中间继电器、交流接触器、电机、按钮、导线。

（2）工具：剥线钳、压线钳、万用表、计算机、网络及相关文字处理软件。

（3）资料查阅：相关论坛、贴吧、小木虫等网站查阅最新资料。

注意事项

安装符合设计要求，牢固、美观、合理。在安装设计过程中，注意安全，遵照规范实施。

1.3.2 　预习任务

（1）PLC 内部由哪些部分组成？

（2）电动机的工作原理是什么？

（3）如何使用继电器和接触器控制电动机？与 PLC 控制电动机有什么区别？

（4）简述螺钉旋具、尖嘴钳、剥线钳、压线钳、万用表的使用方法。

1.3.3 资讯

（1）知识储备

① PLC 的内部硬件系统。PLC（可编程逻辑控制器）是用于工业控制的计算机，其硬件结构基本上与微型计算机相同，如图 1-13 所示。

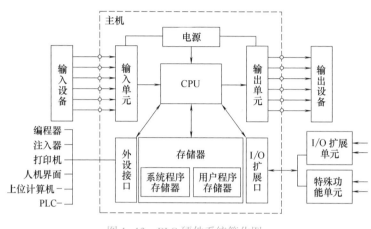

图 1-13 PLC 硬件系统简化图

想一想：存储器的分类及作用。

从图 1-13 中可以看出 PLC 内部元件主要有：

CPU（中央处理器）。CPU 是 PLC 的核心组成部分，主要由运算器和控制器组成。整个 PLC 的工作都是在 CPU 的统一指挥和协调下进行的。

系统程序存储器。系统程序存储器用来存储系统的各类管理程序，如工作程序（监控程序）、模块化应用功能程序、命令解释功能程序以及对应定义（I/O、内部继电器、计时器、计数器、移位寄存器等存储系统）参数等。

用户程序存储器。用户程序存储器用来存放用户编制的各类梯形图应用程序等。通常以字（16 位/字）为单位来表示存储容量。

输入、输出模块。输入、输出模块是 CPU 与现场 I/O 装置或其他外部设备之间的连接部件。它主要包括输入单元、输出单元、外设接口以及 I/O 扩展口等。PLC 提供了各种操作电平与驱动能力的 I/O 模块以及各种用途的 I/O 组件供用户选用。

电源。在 PLC 内部，已为 CPU、存储器、I/O 接口等内部电路的正常工作配备了稳压电源，同时也为输入传感器提供了 24V 直流电源。输入/输出回路中的电源一般都相互独立，以避免来自外部的干扰。

② PLC 软件系统。PLC 的软件系统由系统程序和用户程序组成。其中，系统程序是由制造厂商设计编写，并存入 PLC 的系统程序存储器中，用户不能直接读写和更改。用户程序可以由用户通过编程软件进行编写，下载到程序存储器中，进一步控制 PLC 按照程序内容执行。PLC 常用的编程语言有梯形图、指令表、SFC 状态转移图等。这些编程语言可以通过 STEP 7 软件进行编写，然后下载到 PLC 中，实现控制的目的。

③ 西门子 S7-200 SMART 的 CPU 模块。西门子 S7-200 SMART 硬件包括 CPU 模块、数字量扩展模块与信号板、模拟量扩展模块和 I/O 地址分配与外部接线。其中，CPU 模块是使用频率最高的部分，本次道闸控制系统使用标准型 CPUST30 模块，其中 ST 代表继电器输出，其外观及各部分功能如图 1-14 所示。

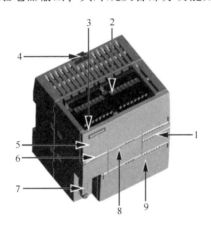

1—I/O 端口的 LED 指示灯；2—端子连接器；3—以太网通信端口；4—用于在标准（DIN）
导轨上安装的夹片；5—以太网状态 LED（保护盖下方）：LINK, RX/TX；6—状态 LED：RUN、
STOP 和 ERROR；7—RS485 通信端口；8—可选信号板（仅限标准型）；9—存储卡
读卡器（保护盖下方）（仅限标准型）。

图 1-14 西门子 S7-200 SMART 外观及功能

 议一议：西门子 PLC 有哪些型号。

PLC 是系统控制的核心，有效信号通过输入模块送到 CPU 内部，经内部程序运算分析后，通过输出模块驱动电机运动。在本项目中，按钮为有效输入信号，PLC 的输出信号经过接触器控制电动机的运动，如图 1-15 所示。PLC 的输入模块不需要外接电源，但输出模块需要根据负载情况而加入电源。

④ 电动机工作原理与组成。三相异步电动机定子绕组通入三相对称交流电后，将产生一个旋转磁场，该旋转磁场切割转子绕组，从而在转子绕组中产生感应电流，载流的转子导体在定子旋转磁场作用下将产生电磁力，从而在电机转轴上形成

电磁转矩，驱动电动机旋转。三相异步电动机的组成结构包括主体部分：定子和转子，附属部分：端盖、风扇、风盖和机座，如图 1-16 所示。

 议一议：电动机的功率与哪些因素有关？

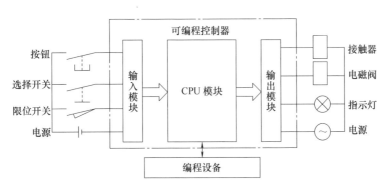

图 1-15　PLC 控制电动机的工作原理

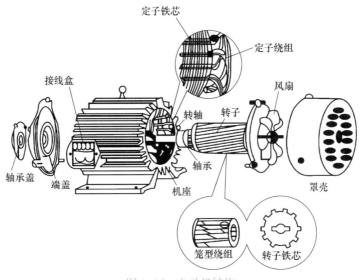

图 1-16　电动机结构

电动机的绝缘如果损坏，运行中机壳会带电。一旦机壳带电而电动机又没有良好的接地装置，当操作人员接触机壳时，就会发生触电事故。因此，电动机的安装、使用一定要有接地保护。接地装置包括接地极和接地线两部分。接地极通常用钢管或角钢等制成。钢管多采用 φ50mm，角钢采用 45mm×45mm，长度为 2.5m。接地极应垂直埋入地下，每隔 5m 打一根，其上端离地面的深度不应小于 0.8m，接地极之间用 5mm×50mm 的扁钢焊接。接地线最好用裸铜线，截面积不小于 16mm²。接地线一端固定在机壳上，另一端和接地极焊牢。容量 100kW 以下的电动机保护接地，其电阻不应大于 10Ω。下列情况可以省略接地：

- 设备的电压在 150V 以下。
- 设备置于干燥的木板地上或绝缘性能较好的物体上。
- 金属体和大地之间的电阻在 100Ω 以下。

⑤ 交流接触器工作原理。接触器是一种能频繁地接通和断开远距离用电设备主回路及其他大容量用电回路的自动控制电器。大多数情况下，其主要控制对象是电动机，也可用于其他电力负载，如电热设备、电焊机、电炉变压器等。接触器具有控制容量大、过载能力强、寿命长、设备简单经济等特点，是电力拖动自动控制电路中使用广泛的电气元件之一。接触器按操作方式分为电磁接触器、气动接触器和电磁气动接触器。按灭弧介质分为空气电磁接触器、油浸式接触器和真空接触器等。按主触点通过电流的种类可以分为交流接触器和直流接触器两大类。本项目主要用到的是交流接触器。

 想一想：在控制大功率电动机时，可以不用接触器吗？

a. 接触器的结构。交流接触器主要由电磁系统、触头系统、灭弧装置及辅助部件等部分组成。如图 1-17 所示为 CJ-20 系列交流接触器外形和参数信息，接触器的图形和文字符号如图 1-18 所示。

b. 接触器的工作原理。当线圈得电后，在铁芯中产生磁通及电磁吸力，衔铁在电磁吸力的作用下吸向铁芯，同时带动动触头移动，使常闭触头打开，常开触头闭合。当线圈失电或线圈两端电压显著降低时，电磁吸力小于弹簧拉力，使衔铁释放，触头机构复位，断开电路或解除互锁。

c. 接触器的主要技术参数。

- 额定电压。接触器铭牌额定电压是指主触点上的额定工作电压。交流接触器常用的电压等级为 127V、220V、380V、500V 等。如某负载是 380V 的三相感应电动机，则应选 380V 的交流接触器。
- 额定电流。接触器铭牌额定电流是指主触点的额定电流。交流接触器常用的电流等级为 5A、10A、20A、40A、60A、100A、150A、250A、400A、600A。

 议一议：接触器的选型。

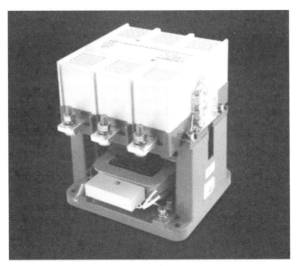

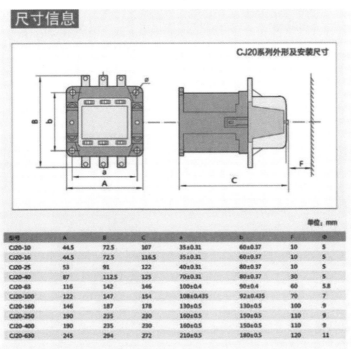

图 1-17　CJ-20 系列交流接触器外形和参数信息

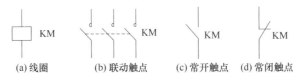

图 1-18　接触器的图形符号和文字符号

● 动作值。动作值是指接触器的吸合电压值与释放电压值。接触器在额定电压的 85% 以上时可靠吸合，释放电压为低于额定电压的 70%。

● 接通与分断能力。指接触器的主触头在规定的条件下能够可靠地接通和分断的电流值。

● 额定操作频率。额定操作频率是每小时的接通次数。交流接触器最高操作频率为 600 次/时。

● 寿命。寿命包括电气寿命和机械寿命。目前接触器的机械寿命已达 1000 万次以上，电气寿命是机械寿命的 5%~20%。

d. 接触器的型号及接线方法。目前常用的交流接触器主要有德力西、正泰、天正、西门子、施耐德、ABB 等品牌。本项目以德力西 CJX2-1810 交流接触器为例，介绍交流接触器的参数和使用方法。图 1-19 为交流接触器的型号含义，图 1-20 为交流接触器的接线图。

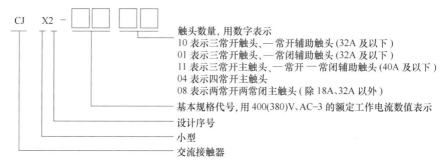

图 1-19　交流接触器的型号含义

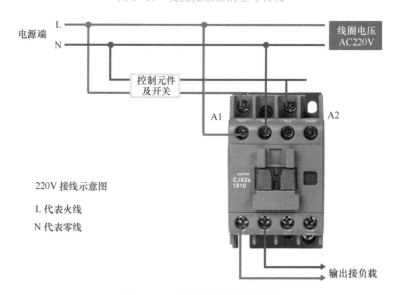

图 1-20　交流接触器的接线图

 想一想：按钮的分类。

⑥ 按钮与导线。常开按钮是指在按钮未被按下前，电路是断开的，按下按钮后，常开触头被连通，电路也被接通；常闭按钮是指在按钮未被按下前，触头是闭合的，按下按钮后，触头被断开，电路也被分断。由于控制电路工作的需要，一只按钮还可以带有多对同时动作的触头。一般情况下，按钮的颜色能够代表其含义，现将国家标准中关于按钮颜色的定义列于表 1-1。

表 1-1   国家标准中关于按钮颜色的定义

序号	色标	按钮	灯光信号	灯光按钮
1	红色	停，关，止	危险，警示	停，关，止
2	黄色	非正常状态	小心，非正常状态，临界状态	注意，小心
3	绿	启动，开	正常安全操作状态	机器或单元处于启动准备状态
4	蓝	需要手动强制性操作	强制性采取行动	强制性采取行动
5	白	无特定含义，例如启动，开	无特定意义，中性，一般信息	无特定意义，中性，操作
6	黑	无特定含义，例如停止，关	无特定意义，中性，一般信息	无特定意义，中性，操作

 议一议：导线型号选择。

导线是用来疏导电流的电线，在生产电气控制柜中，要按图纸、标准、工艺进行安装和布置。国家标准对导线的颜色标识进行了规定，如表 1-2 所示。

表 1-2   国家标准中关于导线颜色的规定

序号	色标	应用
1	黑	直流电压和交流电压主电路
2	蓝	中性线
3	绿黄	保护线
4	红	交流电压控制电路
5	蓝	直流电压控制电路
6	橙	外部供电闭合电路

注意：部分国内工业企业有内部特别规定。

所有连接，尤其是保护导线的连接，都必须确保不能自动松开。接线柱的每个接点都只能连接一根保护导线。接线柱必须与待接导线的横截面积、种类和数量相适应。电缆和导线必须配备释放装置。感应电气安装管、电缆和导线必须按有关标准进行布线，确保接触良好。

标识规范：接线柱与接线板必须有明显标识，标识必须与图中标识一致。电缆与导线必须配备永久性可读标识。

接线柱规范：只有适合于钎焊的接线柱才能利用钎焊连接。热敏导线必须配备电缆套，不能使用锡焊。

（2）学习材料和工具清单

序号	名称	详细信息
1	西门子 S7-200 SMART CPU 模块	1 个
2	计算机及网络	1 套
3	交流接触器	1 个
4	导线和按钮	若干
5	导轨	若干
6	剥线钳	1 个
7	数显万用表	1 个
8	号码管	若干
9	螺丝刀	1 套
10	压线钳	1 个
11	内六角扳手	1 个
12	小一字螺丝刀	1 个
13	小十字螺丝刀	1 个
14	大十字螺丝刀	1 个
15	活动扳手	1 个
16	线鼻子	若干

1.3.4　计划与决策

完成道闸控制系统的硬件安装与检测部分的计划与决策。

工作计划

序号	工作内容	使用工具	注意事项	工作时间	
				计划时间	实际时间
1					
2					
3					
4					
5					

教师		小组成员	
日期			

1.3.5　实施与检查

（1）道闸控制系统电气部分连接

步骤 1：器件选型（图 1-21~图 1-24）。

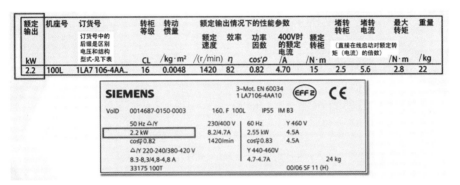

额定输出	机座号	订货号	转柜等级	转动惯量	额定输出情况下的性能参数					堵转转柜	堵转电流	最大转矩	重量
		订货号中的后锁号是区别电压和结构型式-见下表			额定速度	效率	功率因数	400V时的额定电流	额定转柜		（直接在线启动对额定转矩（电流）的倍数）		
kW			CL	/kg·m²	/(r/min)	η	cos φ	/A	/N·m	/N·m		/N·m	/kg
2.2	100L	1LA7 106-4AA..	16	0.0048	1420	82	0.82	4.70	15	2.5	5.6	2.8	22

图 1-21　电机参数

CJX2s主要技术参数												
接触器型号		CJX2s-06	CJX2s-09	CJX2s-12	CJX2s-18	CJX2s-25	CJX2s-32	CJX2s-38	CJX2s-40	CJX2s-50	CJX2s-65	CJX2s-80	CJX2s-95
主电路特性													
极数		3极											
额定绝缘电压(Ui) V		690											
额定工作电压(Ue) V		380/400,660/690											
约定发热电流(Ith) A		16	20	20	25	32	40	40	50	60	80	110	110
额定工作电流(Ie)	AC-3,380/400V A	6	9	12	18	25	32	38	40	50	65	80	95
	AC-3,660/690V A	3.8	6.6	8.9	12	18	22	22	34	39	42	49	49
	AC-4,380/400V A	2.6	3.5	5	7.7	8.5	12	14	18.5	24	28	37	44
	AC-4,660/690V A	1	1.5	2	3.8	4.4	7.5	8.9	9	12	14	17.3	21.3
额定工作功率(Pe)	AC-3,380/400V kW	2.2	4	5.5	7.5	11	15	18.5	18.5	22	30	37	45
	AC-3,660/690V kW	3	5.5	7.5	10	15	18.5	18.5	30	33	37	45	45
	AC-4,380/400V kW	1.1	1.5	2.2	3.3	4	5.4	5.5	7.5	11	15	18.5	22
	AC-4,660/690V kW	0.75	1.1	1.5	3	3.7	5.5	6	7.5	10	11	15	18.5

图 1-22　交流接触器选型

步骤 2：设计安装步骤。根据电气原理图和元件布局图，按照先主电路，后控制电路的顺序进行安装。

步骤 3：选配相关工具。检查工具、仪表的整齐和完好，本项目需使用到的工具详见工具清单。

步骤 4：查看元气件规格型号是否符合道闸控制系统要求，外观是否破损，附件是否齐全完好。

步骤 5：检查交流接触器的电磁机构动作是否灵活，有无衔铁卡阻等不正常现象，用万用表检查线圈，并记录线圈的直流电阻及各触头分合的情况。

JRS1Ds热过载继电器

壳架额定电流/A	整定电流/A	配用熔断器规格推荐RT16	配用接触器规格推荐CJX2	订货编码
25	0.1~0.16	4	–09~32	JRS1D 25 P16
	0.16~0.25	4	–09~32	JRS1D 25 P25
	0.25~0.4	4	–09~32	JRS1D 25 P4
	0.4~0.63	4	–09~32	JRS1D 25 P63
	0.63~1	4	–09~32	JRS1D 25 1
	1~1.6	4	–09~32	JRS1D 25 1P6
	1.6~2.5	6	–09~32	JRS1D 25 2P5
	2.5~4	10	–09~32	JRS1D 25 4
	4~6	16	–09~32	JRS1D 25 6
	5.5~8	20	–09~32	JRS1D 25 8
	7~10	20	–09~32	JRS1D 25 10
	9~13	25	–12~32	JRS1D 25 13
	12~18	35	–18~32	JRS1D 25 18
	17~25	50	–25~32	JRS1D 25 25

图 1-23   热过载保护器选型

电气特性		
额定绝缘电压U_i/V		250(相对地)/500(相对相)
最大工作电压U_{Bmax}/V	1P,1P+N	230/400 AC
	2P,3P,4P,3P+N	400 AC
	1P	60 DC
额定短路能力I_{cn}(IEC/EN60898)/kA		6
额定冲击耐受电压U_{imp}(1.2/50)/kV		4
介电测试电压		2kV(50/60Hz,1min)
使用类别		A
隔离功能		具备
污染等级		2
脱扣形式		热磁脱扣
热磁脱扣特性	B型曲线(3~5)In	■
	C型曲线(5~10)In	■
	D型曲线(10~14)In	■
电气及机械附件		■

图 1-24   断路器选型

步骤6：将元气件根据布局图放在网孔板上。先进行预摆放，不固定元器件，充分考虑主电路和控制电路之间的关系和接线走向，合理安排元气件之间的疏密程度，根据便于安装和维修为原则进行布局。

步骤7：安装和固定元气件。

步骤8：微调并锁紧元气件。

步骤9：接电源电路（从上到下，从左到右，先串联再并联）。接线时，严禁损伤线芯和导线绝缘。除特殊情况外，线必须走线槽，并做到尽可能少交叉。

步骤10：接主电路。

步骤11：接控制电路。

制作接线端子

（2）道闸控制系统的检测

目测：

① 按电路图、接线图从电源端开始，逐段核对接线端子及其标号是否正确。

② 检查导线节点是否符合要求，接线端是否最多只接 2 根线。

③ 检查接线是否牢固。

④ 检查接触是否良好，导线是否未压接到绝缘层。

仪表检测：

① 检查电路安全和电路功能。检查电路安全——用万用表检测所接回路是否短路，直流电源是否短路；检查功能——依据电路原理图进行分析，逐项检查，遇到接触器需要吸合的状态可以手动代替，检查传感器线、电机线有无接错。

② 对主电路进行检查。

③ 对控制电路进行检查。

④ 经指导老师检查无误后可通电调试。

1.3.6　评价与总结

检测编号	测量值	小组互评（30%）	教师评价（70%）
1	布线规范合理		
2	元气件安装规范合理		
3	正确检查线路		
4	正确使用工具		
5	最终呈现作品效果		
合计			

道闸控制系统硬件安装检测效果是否符合要求：　　　　是　○　　　　　否　○

评价人：　　　　　　　　　　　日期：

＿＿＿＿专业	机电设备 PLC 控制与调试	评价与总结
	项目 1　道闸控制系统安装与调试	学习任务 1.3

任务 1.4　道闸控制系统软件程序设计

1.4.1　任务描述

学习目标

(1) 掌握 STEP 7-Micro/WIN SMART 编程软件使用方法。

(2) 掌握电动机点动和长动编程方法。

(3) 能够编写道闸控制系统程序。

工作内容

完成基于西门子 S7-200 SMART PLC 的道闸控制系统程序编写。

任务准备资料

(1) 工具：计算机、网络及相关文字处理软件。

(2) 资料查阅：相关论坛、贴吧、小木虫等网站查阅最新资料。

注意事项

程序设计合理、简洁、有序。

1.4.2 预习任务

（1）编程软件项目的基本组件有哪些？功能是什么？

（2）如何创建项目？

（3）如何生成用户程序？

（4）如何下载和调试程序？

（5）如何使用软件帮助功能？

1.4.3　资讯

（1）知识储备

① 安装编程软件。操作系统要求为：Windows 7 或 Windows 10（32 位和 64 位两种版本）。双击"setup. exe"，开始安装，使用默认的简体中文安装语言。选择软件安装的目标文件夹。

　想一想：　PLC 硬件组态。

② 项目的基本组件。

a. 程序块包括主程序（OB1）、子程序和中断程序，统称为 POU（程序组织单元）。

b. 数据块用于给 V 存储器赋初值。

c. 系统块用于硬件组态和设置参数。

d. 符号表用符号来代替存储器的地址，使程序更容易理解。

e. 状态图表用来监视、修改和强制程序执行时指定的变量的状态。

③ 快速访问工具栏。可自定义工具栏上的命令按钮。

④ 菜单。带状式菜单功能区的最小化、打开和关闭。

⑤ 项目树与导航栏。项目树文件夹的打开和关闭，右键功能的使用，单击打开导航栏上的对象。项目树宽度的调节。

⑥ 状态栏。插入（INS）、覆盖（OVR）模式的切换，梯形图缩放工具的使用。

⑦ 在线帮助。单击选中的对象后按"F1"键。

⑧ 用帮助菜单获得帮助。单击"帮助"菜单功能区的"帮助"按钮，打开在线帮助窗口。用目录浏览器寻找帮助主题。双击索引中的某一关键词，可以获得有关的帮助。在"搜索"选项卡输入要查找的名词，单击"列出主题"按钮，将列出所有查找到的主题。计算机联网时单击"帮助"菜单功能区的"支持"按钮，会打开西门子的全球技术支持网站。

⑨ 创建项目或打开已有的项目，可打开 S7-200 SMART 的项目。

⑩ 硬件组态。用系统块生成一个与实际的硬件系统相同的系统，设置各模块和信号板的参数。硬件组态给出了 PLC 输入/输出点的地址，为设计用户程序打下了基础。

⑪ 编写用户程序。

⑫ 对程序段的操作。梯形图中的一个程序段只能有一块不能分开的独立电路。语句表允许将若干个独立电路对应的语句放在一个网络中，这样的程序段不能转换为梯形图。选中单个、多个程序段或单个元件，可删除、复制、剪切、粘贴选中的对象。

⑬ 单击工具栏上的按钮，打开和关闭 POU 注释和程序段注释。

⑭ 单击工具栏上的"编译"按钮，编译程序。输出窗口显示错误和警告信息。下载之前自动地对程序进行编译。

⑮ 设置程序编辑器的参数。单击"工具"菜单功能区的"选项"按钮，打开"选项"对话框，选中"LAD"，可设置网格的宽度和字符属性等。选中"LAD"下面的"状态"，可以设置梯形图程序状态监控时的参数。选中"常规"，可设置指令助记符等。选中"项目"，可设置默认的文件保存位置。

 想一想：如何进行通信设置。

（2）学习材料和工具清单

序号	名称	详细信息
1	西门子 S7-200 SMART CPU 模块	1 个
2	计算机	1 台
3	西门子编程软件	1 套

1.4.4　计划与决策

分析基于 PLC 杆式道闸控制系统软件编程方法，完成系统程序设计的计划与决策。

工作计划

序号	工作内容	使用工具	注意事项	工作时间	
				计划时间	实际时间
1					
2					
3					
4					
5					

小组成员

日期　　　　教师

1.4.5　实施与检查

步骤 1：打开 STEP 7-Micro/WIN SMART 编程软件。

步骤 2：新建项目。

步骤 3：点击导航栏上的系统块，找到 CPU 型号，道闸控制系统选用的是 ST30 型号的 CPU（图 1-25）。

图 1-25　选择 CPU 型号

步骤 4：勾选以太网端口，设置 PLC 的 IP 地址为：192.168.2.1，子网掩码为：255.255.255.0（图 1-26）。

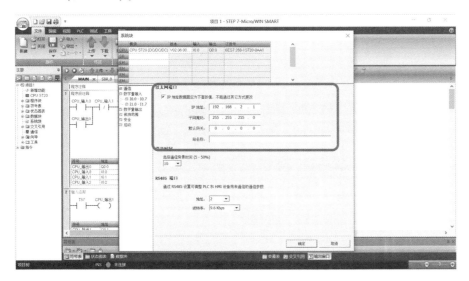

图 1-26　设置 PLC 的 IP 地址

步骤 5：设置电脑的 IP 地址（图 1-27）。使用网线连接 PLC 端口和计算机端口，打开电脑系统设置，找到"网络与 Internet"，然后打开"网络和共享中心"，点击所连接的 PLC 端口，双击"Internet 协议版本 4"，点击"属性"，选择 IP 地址，输入 PLC 的 IP 地址，前三位相同，最后一位改为不同。

步骤 6：点击导航栏上的通信，查找 CPU，如图 1-28 所示。

步骤 7：根据表 1-3 编写道闸控制系统程序，如图 1-29-图 1-33 所示。

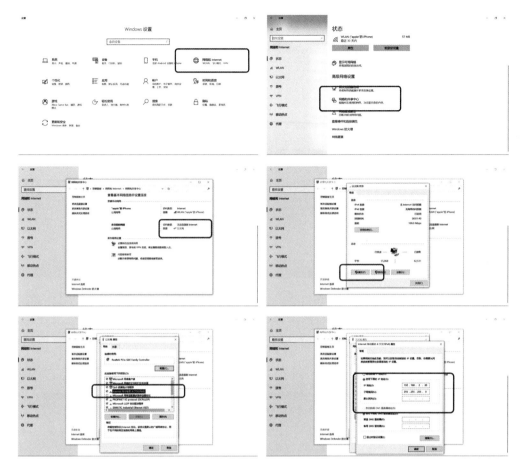

图 1-27 设置电脑的 IP 地址

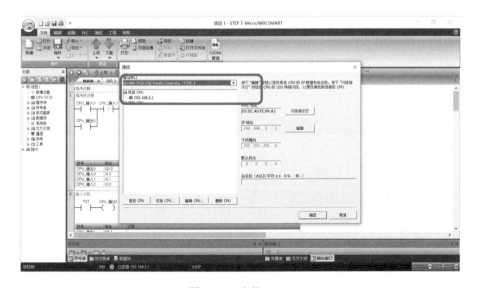

图 1-28 查找 CPU

表 1-3　　　　　　　　　　　道闸控制系统 I/O 端口分配表

PLC 输入端口					PLC 输出端口				
序号	元件号	端口号	功能	备注	序号	元件号	端口号	功能	备注
1	XC-1	I0.0	关到位		1	KA1	Q0.0	正转	
2	XC-2	I0.1	开到位		2	KA2	Q0.1	反转	
3	JJ-1	I0.2	车辆接近						
4	JJ-2	I0.3	车辆通过						
5	SB-4	I0.4	抬杆按钮						
6	SB-5	I0.5	放杆按钮						

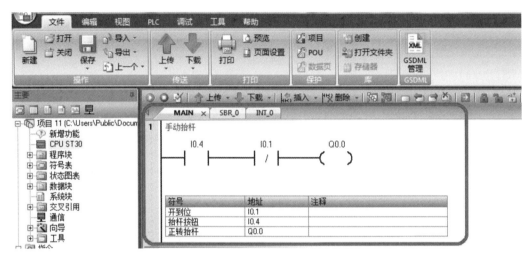

图 1-29　点动抬杆程序

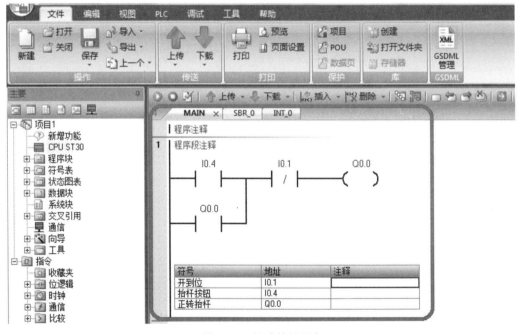

图 1-30　长动抬杆程序

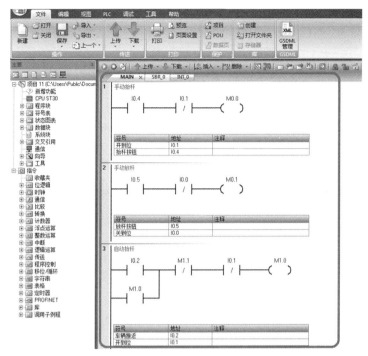

图 1-31　道闸控制系统程序 1

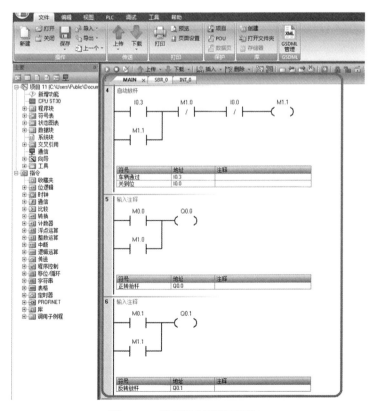

图 1-32　道闸控制系统程序 2

步骤 8：编译、下载程序。

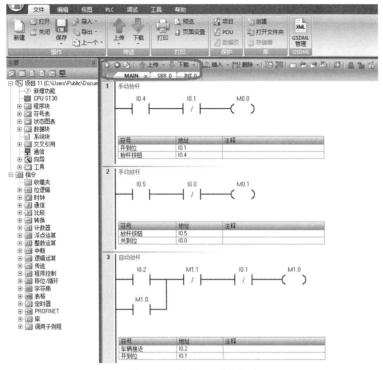

图 1-33　编译、下载程序

步骤 9：调试程序，直至成功。

1.4.6　评价与总结

检测编号	测量值	小组互评（30%）	教师评价（70%）
1	会熟练使用 STEP 7-Micro/WIN SMART 编程软件		
2	程序编写正确规范		
3	工作态度		
4	能够根据现象进行程序调试		
5	最终呈现作品效果		
合计			

道闸控制系统程序编写效果是否符合要求：　　　　是　○　　　　　否　○

评价人：　　　　　　　　　　　日期：

_____专业	机电设备 PLC 控制与调试	评价与总结
	项目 1　道闸控制系统安装与调试	学习任务 1.4

任务 1.5   道闸控制系统调试

1.5.1   任务描述

学习目标

(1) 有积极乐观的心态。

(2) 一定的分析问题和解决问题的能力。

(3) 强化质量意识和安全意识。

(4) 掌握常见故障诊断与分析的方法。

(5) 掌握安全操作规范。

(6) 会联合调试电动机、PLC 和按钮，实现对道闸控制系统的调试。

工作内容

调试工作是检查道闸控制系统能否满足要求的关键工作，是对系统性能的一次客观、综合的评价。道闸控制系统投用前必须经过系统功能的严格调试，直到满足要求并经有关人员签字确认后才能交付使用。要求调试人员接受过专门培训，对道闸控制系统的构成、硬件和软件的使用和操作都比较熟悉。本环节包括实验室阶段调试和生产车间调试两个部分。

任务准备资料

(1) 工具：计算机、网络及相关文字处理软件。

(2) 资料查阅：相关论坛、贴吧、小木虫等网站查阅最新资料。

注意事项

安装、拆卸前确保断开电源，拆卸时操作规范。

1.5.2　预习任务

（1）调试过程中的安全注意事项有哪些？

（2）常见的故障诊断方法有哪些？

（3）机电一体化子系统投产故障有哪些？

（4）分析机电一体化系统电气故障诊断。

（5）机电一体化系统的维护有哪些方面？

1.5.3　资讯

（1）知识储备

①常见的故障类型，如图 1-34 所示。

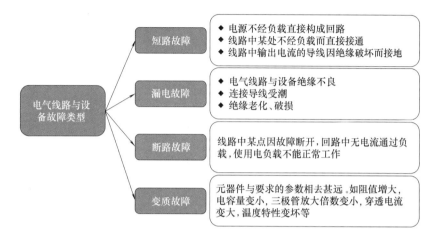

图 1-34　常见的故障类型

② 常用的故障检测方法，如图 1-35 所示。

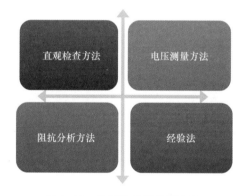

图 1-35　常用的故障检测方法

 议一议：传感器的故障诊断方法有哪些？

③ 检测注意事项。

a. 先验电，后操作。

b. 正确使用电工仪表仪器，特别是万用表的使用。

c. 养成停电后再验电的习惯。

d. 检查总停止按钮和停止按钮，是否能够灵活断电。

e. 注意静电对电子元器件设备的影响，不用手去摸电路板。

f. 电气元件要按规定做好接地防护。

g. 采用必要的防护措施，包括安全帽、绝缘手套、绝缘胶鞋等。

h. 不能用身体触及带电部位，要有适当的防护措施，衣服要紧身，尽量穿绝缘胶鞋。

（2）学习材料和工具清单

序号	名称	详细信息
1	中国工控网	http://www.gongkong.com/
2	中国大学 MOOC《电气控制实践训练》课程	https://www.icourse163.org/course/XMU-1001770002
3	西门子官网	https://new.siemens.com/cn/zh.html
4	各类道闸门业官网(含天猫和京东等)	—
5	西门子 S7-200 SMART CPU 模块	1个
6	计算机及网络	1套
7	φ5.5mm 螺丝刀	1个
8	3mm 平口螺丝刀	1个
9	万用表	1个

1.5.4　计划与决策

按照主电路、控制电路的顺序进行系统调试。

工作计划

序号	工作内容	使用工具	注意事项	工作时间	
				计划时间	实际时间
1					
2					
3					
4					
5					

日期　　　　　　　　　教师　　　　　　　　　小组成员

1.5.5　实施与检查

步骤 1：检测控制系统电源进线处电源开关是否完好。

步骤 2：检测主回路断路器、RCD 等保护元件是否完好。

步骤 3：检测主回路接触器是否完好。

步骤 4：检测热继电器是否完好。

步骤 5：检测接线端子是否完好。

步骤 6：采用必要的防护措施，包括安全帽、绝缘手套、绝缘胶鞋等。

步骤 7：不能用身体触及带电部位，要有适当的防护措施，衣服要紧身，尽量穿绝缘胶鞋。

1.5.6　评价与总结

检测编号	测量值	小组互评(30%)	教师评价(70%)
1	会分析故障原因		
2	工具使用规范		
3	工作态度		
4	能够根据现象进行程序调试		
5	最终呈现作品效果		
合计			

道闸控制系统调试效果是否符合要求：　　　　是　○　　　　　否　○

评价人：　　　　　　　　　　日期：

＿＿＿＿专业	机电设备 PLC 控制与调试	评价与总结
	项目 1　道闸控制系统安装与调试	学习任务 1.5

任务 1.6　道闸控制系统交付

1.6.1　任务描述

学习目标

（1）有精益求精的工匠精神。

（2）增强"安全、环保、标准"意识。

（3）掌握产品使用说明书的撰写规范。

（4）掌握技术文件的归档方法。

（5）提高文字处理能力。

（6）提高沟通与表达能力。

（7）会撰写道闸控制系统使用说明书。

工作内容

完成道闸控制系统的产品使用说明书，并在小组之间相互进行产品使用培训。

任务准备资料

（1）工具：计算机、网络及相关文字处理软件。

（2）资料查阅：相关论坛、贴吧、小木虫等网站查阅最新资料。

注意事项

在掌握产品的特性基础上，调研用户需求，掌握销售技巧。

1.6.2　预习任务

（1）什么是机电一体化产品系统交付？有什么作用？

（2）找到日常生活中常见的三份产品说明书，并研究它们之间的共同之处。

（3）机电一体化产品与其他产品的说明书有哪些区别？

1.6.3　资讯

（1）知识储备

① 产品说明书的组成，如图 1-36 所示。

标题：标题的形式为商品名称加上"用户手册"或"说明书"，例如"小天鹅洗衣机使用说明书"。

正文：由前言、主体和结尾组成。前言简要介绍说明书的内容和特点。主体部分较为灵活，视具体说明对象进行调整，一般情况下，包含的内容为：商品名称及生产厂家；规格型号及品牌；性能指标和技术原理；功能或用途；使用方法；操作程序；保养和维护、保修和售后服务等。

落款：生产厂家、地址、联系电话等。

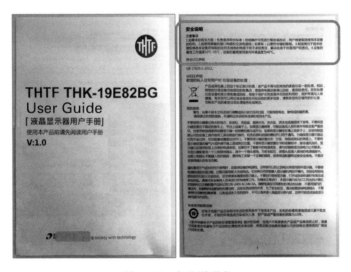

图 1-36　产品说明书

 想一想：说明书的构成。

② 说明书写作要求。

平实通俗：作为接受对象的广大人民群众不可能都是专家，所以在写作说明书时，必须做到平实通俗，能够用最少最简短的语言表达完整的意思，避免使用模棱两可或含糊不清的语言。

客观实际：说明书对商品的各类参数、功能、注意事项都必须实事求是地清楚表明，不能夸大事实。

③ 内容。

a. 声明。

b. 操作流程。

c. 技术指标。

d. 安全使用注意事项。

e. 系统外观图。

f. 零件及设备组件清单。

g. I/O 端口分配表。

h. 气动与接线图。

i. 电气原理图。

j. PLC 接线图与电路图。

k. PLC 程序记录。

l. 调试报告、测试记录。

 议一议：操作安全注意事项有哪些？

（2）学习材料和工具清单

序号	名称	详细信息
1	中国工控网	http://www.gongkong.com/
2	中国大学 MOOC 《电气控制实践训练》课程	https://www.icourse163.org/course/XMU-1001770002
3	西门子官网	https://new.siemens.com/cn/zh.html
4	各类道闸门业官网 （含天猫和京东等）	—
5	计算机及网络	1 套
6	网络经典案例	—

1.6.4　计划与决策

完成产品说明书和培训方案的计划与决策。

工作计划

序号	工作内容	使用工具	注意事项	工作时间	
				计划时间	实际时间
1					
2					
3					
4					
5					

日期　　　　　　　　　　　　教师　　　　　　　　　　　　小组成员

1.6.5　实施与检查

1. 制作道闸控制系统使用说明书。
2. 开展面向客户的产品使用培训。
3. 分组展示调查结果,每组 20min。

1.6.6　评价与总结

检测编号	测量值	小组互评(30%)	教师评价(70%)
1	说明书平实易懂,符合规范		
2	培训过程清晰合理		
3	工作态度		
4	给客户留下良好印象		
5	最终呈现作品效果		
合计			

产品交付效果是否符合要求:　　　是　○　　　　否　○

评价人:　　　　　　　　日期:

＿＿＿＿专业	机电设备 PLC 控制与调试	评价与总结
	项目 1　道闸控制系统安装与调试	学习任务 1.6

【延伸阅读】

大国工匠——胡双钱："航空"手艺人

胡双钱，1960 年 7 月出生，中国商飞上海飞机制造有限公司数控机加工车间钳工组组长、飞机制造高级技师，人称"航空"手艺人，曾获全国劳动模范、全国五一劳动奖章、上海市质量金奖、全国敬业奉献模范、"最美职工"等荣誉称号。

胡双钱从小就对飞机有着极其浓厚的兴趣，1980 年他进入当时的上海飞机制造厂，亲身参与并见证了中国民用航空领域的第一次尝试——运 10 飞机的研制和首飞。后来，胡双钱陆续参与了中美合作组装麦道飞机和波音、空客飞机零部件的转包生产，先后高精度、高效率地完成了 ARJ21 新支线飞机首批交付飞机起落架钛合金作动筒接头特制件、C919 大型客机首架机壁板长桁对接接头特制件等加工任务。另外，他在工作中还发明了"反向验证"等一系列独特工作方法。在近 40 年的航空技术制造工作中，他加工的零部件数十万个，无一次质量差错，连续 13 年获得厂里"质量信得过岗位"，享受产品免检待遇。不管是多么简单的加工，胡双钱都会在干活前认真核校图纸，一丝不苟，作风十分谨慎，加工完反复多次检查，他对自己的工作要求就是"慢一点、稳一点，精一点、准一点"。在央视《榜样》节目录制现场，当谈及"工匠精神"这个话题时，胡双钱认为，所谓工匠精神就是工匠的良心，飞机关乎乘客生命，飞机零部件制造绝不能出差错，99.99% 和 100% 是天壤之别，是生与死的差别。

思考：谈谈你从胡双钱身上学到了什么样的工匠精神。

项目 2

洗车控制系统
安装与调试

工作要求

洗车系统是一种无人操作的、由控制系统通过程序实现自动清洗车身的机器。与传统手工洗车相比，洗车机具有快捷方便、省人工、省水电、效率高的特点，广泛应用在加油站、洗车场等场所。

自动洗车一般包括准备、冲水、清洗、吹干四个步骤。本项目设计了一款基于 PLC 的洗车控制系统，围绕洗车控制系统的制作过程按照任务分析、总体设计、硬件安装与检测、软件程序设计、系统调试和系统交付等内容展开学习。常见的洗车控制系统如图 2-1 所示，包括控制器、喷水控制、毛刷装置、风干系统等部分。

图 2-1 常见洗车控制系统

根据功能需求，基于 PLC 的洗车控制系统包括触摸屏、PLC 控制器、接近传感器、防水电机、棉条（毛刷）、风机等元气件，洗车系统计算机设计 3D 图如图 2-2 所示。

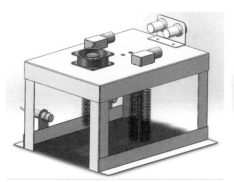

图 2-2 洗车系统计算机设计 3D 图

本项目具体控制要求为：
（1）检测汽车是否停在指定位置。
（2）按下开始按钮，高压喷水阀打开，喷水 30s。
（3）喷水同时，加入洗车液，同时电机带动毛刷转动 60s。
（4）停止加入洗车液，停止毛刷转动，继续喷水 40s。
（5）停止喷水后，风机工作 50s。
（6）红灯闪烁 3s，洗车结束，绿灯亮（汽车离开洗车房）。

学业安排与目标（图 2-3）

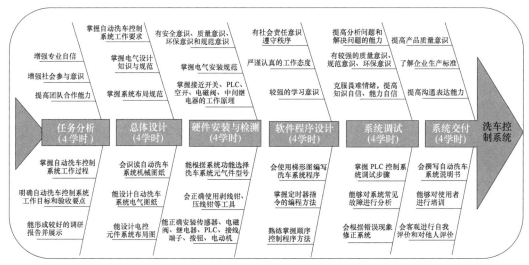

图 2-3   学习时间与目标计划

注意事项

（1）工作过程中，始终将安全放在第一位。

（2）爱护工具和保护环境。

任务 2.1　洗车控制系统任务分析

2.1.1　任务描述

学习目标

(1) 了解基于 PLC 的自动洗车系统工作原理。

(2) 通过了解控制技术在日常生活中的应用，提高专业学习信心，提升专业认同感。

(3) 通过分析自动洗车控制系统，掌握一般控制系统的组成与工作过程。

(4) 通过了解系统成本及产品运营方式，提高创业意识。

(5) 锻炼搜集信息的能力。

(6) 锻炼语言表达和文字整理能力。

工作内容

调研自动洗车机的应用现状，分析基于 PLC 的自动洗车控制系统工作原理，形成调研报告。

任务准备资料

(1) 工具：计算机、网络及相关文字处理软件。

(2) 资料查阅：相关论坛、贴吧、小木虫等网站查阅最新资料。

注意事项

细致认真，有逻辑，实事求是，数据真实可靠。

2.1.2　预习任务

（1）基于 PLC 的洗车控制系统由哪些部分组成？

（2）洗车控制系统的应用现状如何，前景怎样？

（3）洗车系统成本和维护成本如何计算？

（4）自动控制系统可分为哪些类型？各有什么特点？

（5）洗车控制系统使用寿命如何？

学习笔记

2.1.3　资讯

（1）知识储备

① 控制系统分为开环控制系统和闭环控制系统。开环控制系统指控制装置与被控对象之间只有顺向作用，而无反向联系的控制过程，其结构简单、稳定性好，但不能自动补偿扰动对输出量的影响。当系统扰动量产生的偏差可以预先进行补偿或影响不大时，采用开环控制系统是有利的。当扰动量无法预计或控制系统的精度达不到预期要求时，则需采用闭环控制系统。因为闭环控制系统具有反馈环节，它能依靠反馈环节进行自动调节，以补偿扰动对系统产生的影响。闭环控制极大地提高了系统的精度，但闭环控制使系统稳定性变差。例如：一台道闸控制系统就是一个开环控制系统，其控制栏杆的过程是根据需求和时间程序依次进行的，而无须对输出量（电机转动角度）进行精确测量。

常见的洗车控制系统是开环系统。要分析洗车控制系统，首先要了解它的工作原理，然后画出组成系统的方框图。在画方框图之前，必须明确以下几个问题：

a. 哪个是被控对象？被控量是什么？影响被控量的主扰动量是什么？

b. 哪个是执行元件？

c. 输入量由哪个元件给定？

d. 此外还有哪些元件（环节）？它们在系统中处于什么地位？起什么作用？

议一议：开环与闭环控制的区别。

② 自动控制系统通常由给定元件、检测元件、比较环节、放大元件、执行元件、被控对象和反馈环节等部分组成。系统的作用量和被控量包括：输入量、反馈量、扰动量、输出量和中间变量。方框图可以直观地表达各系统、各环节之间的因果关系，可以表达各种作用量和中间变量的作用点和传递情况，以及它们对输出量的影响。自动控制系统按照输入量的特性可分为恒值控制系统、随动控制系统和程序控制系统，其中恒值控制系统的特点是：输入量是恒量，并且要求系统的输出量也相应地保持恒定。随动控制系统的特点是：输入量是随机变化的，并且要求系统的输出量能够随着输入量的变化而做出相应的变化。程序控制系统的特点是：输入量按照一定的时间关系发生变化，并且要求输出量随之变化。自动洗车控制系统属于程序控制系统。

③ 自动洗车系统工作原理分析（定性分析）。系统能够自动感应是否有车，自动感应喷水，自动喷洒洗车液，自动干燥。工作过程：将车开到洗车房中心，拉紧手刹，收起天线，收起后视镜，关闭天窗。准备工作完成后，汽车在轨道上完成自动洗车过程。本系统具有功能齐全，操作灵活，经济实用，节能环保，使用

寿命长，维修成本低，洗车成本低，快捷可靠性好，外观美丽大方的特点。系统包括控制器、喷水控制、毛刷装置、风干系统四个部分，含触摸屏、PLC 控制器、接近传感器、防水电机、棉条（毛刷）、风机等元气件，其工作过程需通过程序控制完成。

 议一议：自动洗车系统流程。

（2）学习材料和工具清单

序号	名称	详细信息
1	中国工控网	http://www.gongkong.com/
2	中国大学 MOOC《电气控制实践训练》课程	https://www.icourse163.org/course/XMU-1001770002
3	西门子官网	https://new.siemens.com/cn/zh.html
4	各类洗车设备生产商官网（含天猫和京东等）	—
5	中国大学 MOOC《写作与交流》课程	https://www.icourse163.org/course/JIANGNAN-1001753344
6	《秘书写作实务（第 2 版）》	朱利萍，等，重庆大学出版社，2014
7	中国机械工程发明史	刘仙洲，北京出版社，2020
8	《S7-200 SMART PLC 编程及应用（第 3 版）》	廖常初，机械工业出版社，2019

2.1.4　计划与决策

分析基于 PLC 的洗车控制系统工作要求，完成调研报告的计划与决策。

工作计划

序号	工作内容	使用工具	注意事项	工作时间	
				计划时间	实际时间
1					
2					
3					
4					
5					

日期　　　　　　　　　　　　教师　　　　　　　　　　　　小组成员

2.1.5　实施与检查

1. 分析基于 PLC 的洗车控制系统工作要求,完成调研报告的实施与检查。
2. 分组展示,每组 10min。

2.1.6　评价与总结

检测编号	测量值	小组互评(30%)	教师评价(70%)
1	调研内容与主题一致		
2	对主题的认知有深度		
3	工作态度		
4	报告撰写规范程度		
5	最终呈现洗车控制系统调研报告效果		
合 计			

调研报告效果是否符合要求:　　　是　○　　　　　否　○

评价人:　　　　　　　　　　日期:

_____专业	机电设备 PLC 控制与调试	评价与总结
	项目 2　洗车控制系统安装与调试	学习任务 2.1

任务 2.2   洗车控制系统总体设计

2.2.1   任务描述

学习目标

(1) 掌握 PLC 的拓展模块、数据模块使用方法。

(2) 掌握电磁阀工作原理。

(3) 掌握电感式传感器工作原理。

(4) 掌握高压水阀工作原理。

(5) 掌握电气控制系统设计规范。

(6) 提高团队合作意识。

工作内容

明确工作任务，完成系统设计，即完成基于西门子 S7-200 SMART PLC 的洗车控制系统设计，具体包括识读系统机械图，设计系统电气原理图，设计系统元件安装布局图。

任务准备资料

(1) 工具：计算机、CAD 软件及相关文字处理软件。

(2) 资料查阅：相关论坛、贴吧、小木虫等网站查阅最新资料。

注意事项

系统设计符合国家标准，符合项目要求，美观合理。

2.2.2　预习任务

（1）什么是 PLC 的数据模块？什么是 PLC 的扩展模块？

（2）［复习］绘制电气原理图的规则是什么？

（3）［复习］电气元件布局图的规则是什么？

（4）高压喷水阀、电磁阀以及气缸的工作原理是什么？

（5）什么是传感器？

2.2.3　资讯

（1）知识储备

① 高压喷水阀与电磁阀。电磁阀是用电磁控制的工业设备，它是用来控制流体的自动化基础元件，属于执行器，并不限于液压、气动，用在工业控制系统中调整介质的方向、流量、速度和其他参数。电磁阀可以配合不同的电路来实现预期的控制，且控制的精度和灵活性都能够保证。电磁阀有很多种，不同的电磁阀在控制系统的不同位置发挥作用，最常用的是单向阀、安全阀、方向控制阀、速度调节阀等。电控高压喷水阀是普通电磁阀的一种应用。

 想一想：电磁阀的工作原理。

以液压为例，电磁阀里有密闭的腔，在不同位置开有通孔，每个孔连接不同的油管，腔中间是活塞，两面是两个电磁线圈，哪面的磁铁线圈通电，阀体就会被吸引到哪边，通过控制阀芯的移动来开启或关闭不同的排油孔，而进油孔是常开的，液压油就会进入不同的排油管，然后通过油的压力来推动油缸的活塞，活塞又带动活塞杆，活塞杆带动机械装置。这样通过控制电磁线圈的电流通断就控制了机械运动。

② 传感器。传感器是一种把被测量（主要是非电量，如压力、速度、温度、声、光等）转换为另一种物理量（主要是电量）的测量装置。目前，传感器是构成现代信息技术的三大支柱之一，人们在利用信息的过程中，首先要解决的问题是获取准确可靠的信息，而传感器是获取自然和生产领域中信息的主要途径与手段。在现代工业生产尤其是自动化生产过程中，要用到各种传感器来检测、监视和控制生产过程的各个参数，使设备工作处于正常状态或者最佳状态，并使产品达到最好质量。传感器的定义包含了以下几个方面的含义：

a. 传感器是测量装置，能完成检测任务。

b. 传感器的输入是某一被测量，如压力、速度、温度等。

c. 传感器的输出是某种物理量，这种量要便于传输、转换、处理、显示等，这种量可以是气、光、电量，但主要是电量。

d. 输出与输入之间有对应关系，且有一定的精度。

传感器的组成包括敏感元件、转换元件、测量电路 3 部分，组成框图如图 2-4 所示。

图 2-4 传感器的组成

敏感元件：直接感受被测量，并输出与被测量有确定关系的某一物理量的元件。

转换元件：敏感元件的输出是转换元件的输入，将感受到的非电量直接转换为电量的元件。

测量电路：将转换元件输出的电量变换成便于显示、记录、控制和处理的有用电信号的电路。

有的传感器简单，有的复杂。简单的传感器由一个敏感元件（兼转换元件）组成，它感受被测量时直接输出电量，如热电偶传感器。有些传感器由敏感元件和转换元件组成，没有测量电路，如压电式传感器。有些传感器转换元件不止一个，需经过若干次转换。本项目使用的电感式传感器较为简单。

③ 接近开关传感器。洗车控制系统中，首先需要使用传感器检测是否有车停在指定位置，如果待洗汽车已经停放在指定位置，按下开始按钮，可以自动洗车。如果指定位置处没有汽车，则无法实现后续操作。用来检测是否有车的传感器可以选择金属接近开关。

接近开关又称无触点行程开关，是一种电子开关量传感器，它是一种无须与运动部件进行直接接触而可以操作的位置开关，当物体接近开关的感应面时，不需要机械接触或施加任何压力即可使开关工作，从而驱动直流电器或给 PLC 装置提供指令。接近开关相当于一种开关型传感器，它既有行程开关、微动开关的特性，同时还有传感性能，且动作可靠，性能稳定，频率响应快，应用寿命长，抗干扰能力强，并具有防水、防振、耐腐蚀等特点。产品有电感式，电容式，霍尔式，交、直流型。当金属检测体接近开关的感应区域，开关就能无接触、无压力、无火花、迅速发出电气指令，准确反映运动机构的位置和行程，这是一般机械式行程开关所不能相比的。接近开关广泛应用在机床、冶金、化工、轻纺和印刷等行业。在自动控制系统中可作为限位、定位控制和自动保护等环节。

 议一议：接近开关的工作原理。

（2）学习材料和工具清单

序号	名称	详细信息
1	中国大学 MOOC 《电气控制实践训练》课程	https://www.icourse163.org/course/XMU-1001770002
2	传感器、电磁阀、气缸网址 （含天猫和京东等）	—
3	西门子 S7-200 SMART CPU 模块	1 个
4	计算机及网络	1 套
5	中间继电器	1 个
6	导线和按钮	若干
7	电感式接近开关传感器	2 个
8	电磁阀	1 个
9	导轨、接线端子排	若干

2.2.4　计划与决策

根据洗车控制系统的工作要求，完成洗车控制系统设计的计划与决策。

工作计划

序号	工作内容	使用工具	注意事项	工作时间	
				计划时间	实际时间
1					
2					
3					
4					
5					

日期　　　　　　　　　　　　　教师　　　　　　　　　　　小组成员

2.2.5　实施与检查

步骤 1：识读洗车控制系统结构图（图 2-5、图 2-6）。

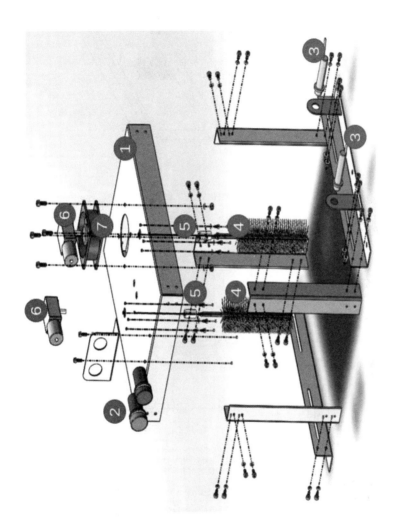

1—外框架；2—红绿指示灯；3—电感式接近开关传感器；4—毛刷；5—联轴器；6—直流电机；7—风机。

图 2-5　洗车控制系统结构图

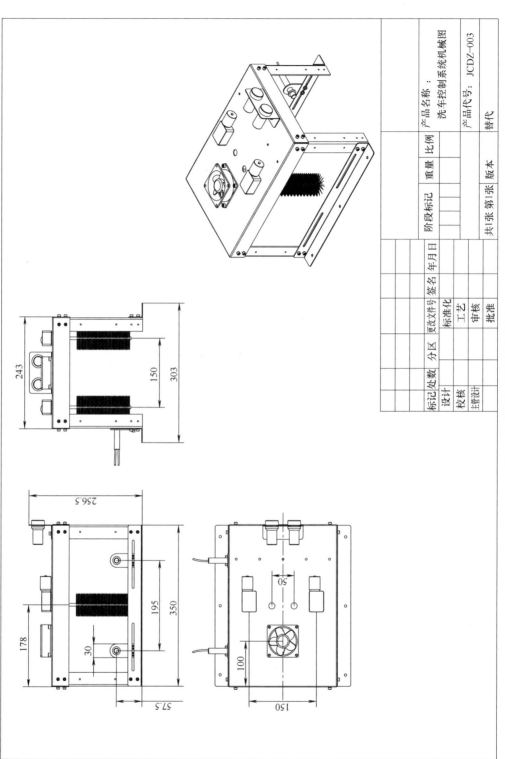

图 2-6　洗车控制系统机械图

步骤 2：设计洗车控制系统电气控制图（图 2-7~图 2-9）。

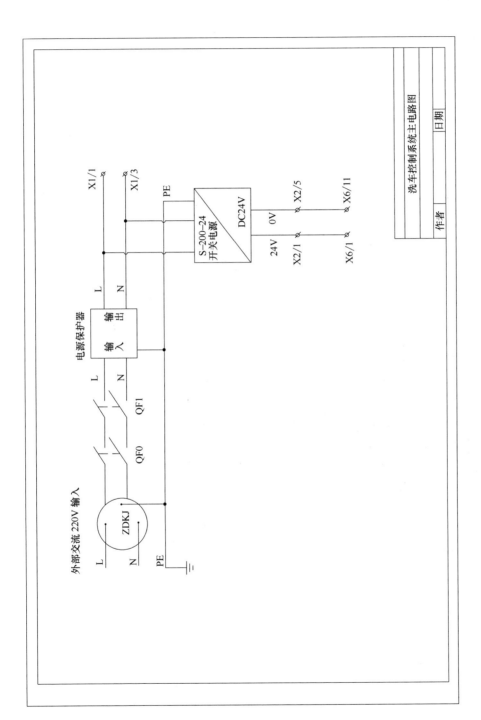

图 2-7　洗车控制系统主电路图

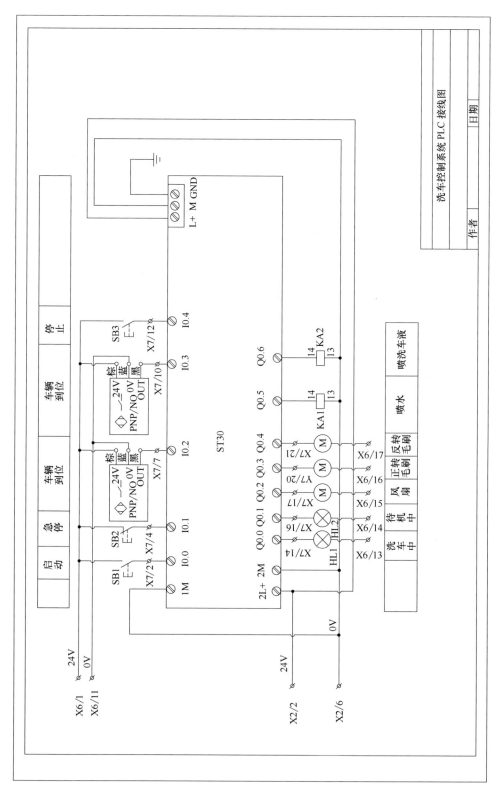

图 2-8 洗车控制系统 PLC 接线图

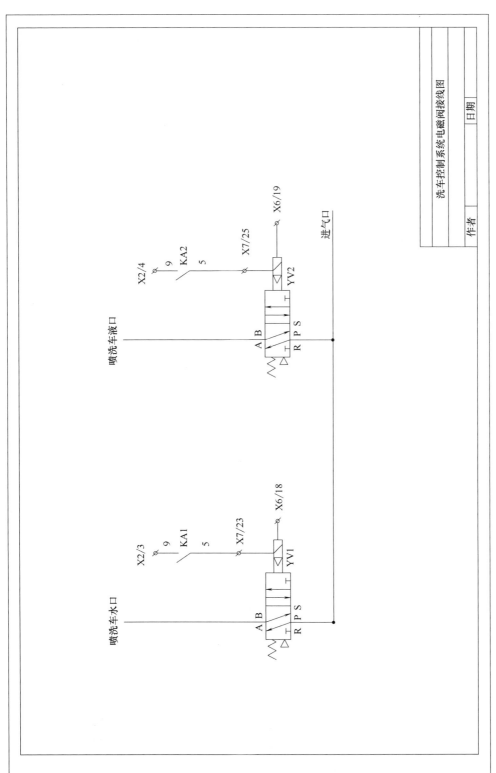

图 2-9　洗车控制系统电磁阀接线图

步骤 3：控制系统元器件布局图（图 2-10）。

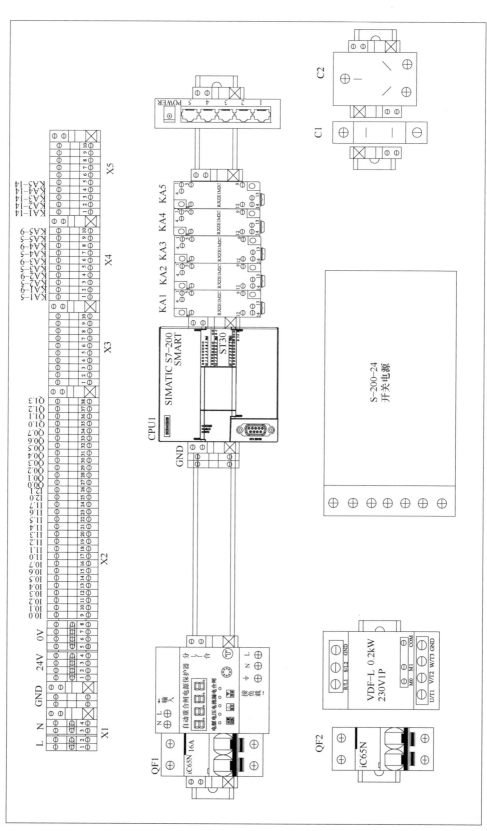

图 2-10 系统布局图

2.2.6　评价与总结

检测编号	测量值	小组互评(30%)	教师评价(70%)
1	电气控制图准确、合理		
2	工作态度		
3	系统布局合理		
4	最终呈现作品效果		
合　计			

洗车控制系统设计是否符合要求：　　　　是　〇　　　　　否　〇

评价人：　　　　　　　　　　日期：

_____专业	机电设备 PLC 控制与调试	评价与总结
	项目 2　洗车控制系统安装与调试	学习任务 2.2

任务 2.3　洗车控制系统硬件安装与检测

2.3.1　任务描述

学习目标

(1) 具有安全意识、质量意识、环保意识。

(2) 掌握电气安装规范。

(3) 能根据系统功能选择电磁阀、中间继电器、电动机、信号灯、电感式传感器型号。

(4) 会正确安装和连接导轨、PLC、中间继电器、传感器、电磁阀和按钮。

(5) 会正确使用剥线钳、压线钳、万用表等工具。

工作内容

明确工作任务,即洗车控制系统的硬件安装与检测。具体包括导轨安装、电源模块安装、CPU 安装,接近开关、电磁阀、中间继电器、交流接触器、按钮和导线的安装等。在安装完成后进行检测,包括目测和使用工具测量。

任务准备资料

(1) 元气件:网孔板、导轨、电源模块、空气开关、接线端子、PLC、接近开关、电磁阀、中间继电器、交流接触器、电机、按钮、导线。

(2) 工具:剥线钳、压线钳、万用表。计算机、网络及相关文字处理软件。

(3) 资料查阅:相关论坛、贴吧、小木虫等网站查阅最新资料。

注意事项

根据图纸和规范进行安装。

2.3.2　预习任务

（1）简述本项目中基于 PLC 的洗车控制系统的输入和输出。

（2）简述 LJ18A3-8-Z/BY 接近开关的接线方法。

（3）简述电磁阀的工作原理及接线方法。

（4）简述螺钉旋具、尖嘴钳、剥线钳、压线钳、万用表的使用方法。

（5）简述中间继电器的工作原理及接线方法。

2.3.3 资讯

（1）知识储备

① LJ18A3-8-Z/BY 接近开关。

接近开关功能用途：接近开关（又称无触点行程开关）的作用是在接近金属时就动作，广泛应用于机床及其他设备的控制之中。在本项目中可以用来检测是否有汽车停在指定位置。

接近开关由三大部分组成：振荡器、开关电路和放大输出电路。接近开关的工作原理是利用电涡流效应制造的传感器，用振荡器产生一个交变磁场。当金属目标接近这一交变磁场，并达到感应距离时，在金属目标内产生涡流，从而导致振荡衰减，以致停振。振荡器振荡及停振的变化被后级放大电路处理并转换成开关信号，触发驱动控制器件，从而达到非接触的检测目的。因此，目标离传感器越近，线圈内的阻尼就越大。阻尼越大，传感器振荡器的电流就越小。电感式接近开关的电流损耗随着与金属目标距离的减小而减小。

 议一议：如何对接近开关进行选型？

参数规格举例：

【型号】：LJ18A3-8-Z/BY

【品名】：电感式接近开关（图 2-11）

【外形】：直径 18mm 圆柱体

【检测距离】：8mm

【检测物体】：金属/铁

【工作电压】：直流 6~36VDC

【输出方式】：PNP 三线常开

【输出电流】：300mA

【外壳材料】：金属/铜

【接线方法】：根据说明书，棕色、蓝色、黑色分别接 PLC 控制端口、电源正极和电源负极

图 2-11 接近开关举例

② 中间继电器。中间继电器通常用来传递信号和同时控制多个电路，也可用来直接控制小容量电动机或其他电气执行元件。中间继电器的结构和工作原理与交流接触器基本相同，与交流接触器的主要区别是触点数目多，且触点容量小。在选用中间继电器时，主要考虑电压等级和触点数目。

议一议：如何对中间继电器进行选型？

参数规格举例：

【品牌】：XX

【类型】：微型功率继电器（图 2-12）

【外形尺寸】：28mm×21.5mm×36mm（L×W×H）

【重量】：35g

【触点形式】：2C（DPDT）

【触点负载】：5A 220VAC，5A 24VDC

【阻抗】：≤50mΩ

【额定电流】：5A

【电气寿命】：≥50 万回

【机械寿命】：≥5000 万回

【线圈参数】：阻值（±10%）：662Ω；线圈功耗：900mW；额定电压：DC24V；吸合电压：DC19.2V；释放电压：DC 2.4V

【工作温度】：-55~+70℃

【绝缘电阻】：≥100MΩ

【线圈与触点间耐压】：2000VAC/min

【触点与触点间耐压】：1000VAC/min

图 2-12　中间继电器举例

（2）学习材料和工具清单

序号	名称	详细信息
1	西门子 S7-200 SMART CPU 模块	1 个
2	计算机及网络	1 套
3	交流接触器	1 个
4	导线和按钮	若干
5	接近开关	1 个
6	中间继电器	2 个
7	高压电磁阀	1 个
8	数显万用表	1 个
9	内六角扳手	1 个
10	小一字螺丝刀	1 个
11	小十字螺丝刀	1 个
12	大十字螺丝刀	1 个
13	剥线钳	1 个
14	压线钳	1 个
15	活动扳手	1 个
16	M5 内六角螺丝	1 个
17	线鼻子	1 个
18	M4 内六角螺丝	1 个

2.3.4　计划与决策

完成洗车控制系统硬件安装与检测的计划与决策。

工作计划

序号	工作内容	使用工具	注意事项	工作时间	
				计划时间	实际时间
1					
2					
3					
4					
5					

教师　　　　　　　　小组成员

日期

2.3.5　实施与检查

（1）洗车控制系统电气部分安装

步骤 1：元气件选型。

步骤 2：设计安装步骤。

步骤 3：选配相关工具。

步骤 4：查看元气件规格型号是否符合洗车控制系统要求，外观是否破损，附件是否齐全完好。

步骤 5：检查交流接触器是否动作灵活。

步骤 6：将元气件根据布局图放在网孔板上。

步骤 7：安装和固定元气件。

步骤 8：微调并锁紧元气件。

步骤 9：接电源电路（从上到下，从左到右，先串联再并联）。

步骤 10：接主电路。

步骤 11：接控制电路。

（2）洗车控制系统的检测

目测：

① 按电路图、接线图从电源端开始，逐段核对接线端子及标号是否正确。

② 检查导线节点是否符合要求，接线端是否最多只接 2 根线。

③ 检查连接是否牢固。

④ 检查接触是否良好，导线是否未压接到绝缘层。

仪表检测：

① 检查包括电路安全和电路功能。检查电路安全——电路是否存在短路现象；检查电路功能——依据电路原理图进行分析，逐项检查，遇到接触器需要吸合的状态可以手动代替。

② 对主电路进行自检。

③ 对控制电路进行自检。

④ 经指导老师检查无误后可通电调试。

2.3.6 评价与总结

检测编号	测量值	小组互评（30%）	教师评价（70%）
1	布线规范合理		
2	元气件安装规范合理		
3	正确检查线路		
4	正确使用工具		
5	最终呈现作品效果		
合计			

洗车控制系统硬件安装与检测效果是否符合要求：　　　　是　○　　　　否　○

评价人：　　　　　　　　　　　日期：

_____专业	机电设备 PLC 控制与调试	评价与总结
	项目 2　洗车控制系统安装与调试	学习任务 2.3

任务 2.4　洗车控制系统软件程序设计

2.4.1　任务描述

学习目标

（1）熟练掌握 STEP 7-Micro/WIN SMART 编程软件使用方法。
（2）掌握位逻辑输入指令的编程方法。
（3）掌握位逻辑输出指令的使用方法。
（4）掌握西门子 PLC 的定时器编程指令，熟练使用定时功能。
（5）能实现自动洗车控制系统编程。

工作内容

完成基于西门子 S7-200 SMART PLC 的洗车控制系统程序编写，具体为：
（1）检测汽车是否停在指定位置。
（2）按下开始按钮，高压喷水阀打开，喷水 30s。
（3）喷水同时，加入洗车液，同时电机带动毛刷转动 60s。
（4）停止加入洗车液，停止毛刷转动，继续喷水 40s。
（5）停止喷水后，风机工作 50s。
（6）红灯闪烁 3s，洗车结束，绿灯亮（汽车离开洗车房）。

任务准备资料

（1）工具：计算机、STEP7 编程软件、网络及相关文字处理软件。
（2）资料查阅：相关论坛、贴吧、小木虫等网站查阅最新资料。

注意事项

根据任务需求编写程序，简洁明了，可读性强。

2.4.2 预习任务

（1）西门子 PLC 的定时器指令有哪些种类？

（2）本项目适合用哪种程序结构？顺序结构，分支结构还是选择结构？

（3）急停程序如何编写？

（4）信号灯闪烁程序如何编写？

2.4.3 资讯

（1）知识储备

西门子 PLC 的延时指令：

西门子 S7-200 指令集提供三种不同类型的定时器，如表 2-1 所示。接通延时定时器（TON），用于单间隔定时。保持型接通延时定时器（TONR），用于累积一定数量的定时间隔。断开延时定时器（TOF），用于在断开 OFF（或 FALSE）条件之后延长一定时间，例如电机关闭后使电机冷却。

表 2-1　　　　　　　　　　　　　S7-200 指令集提供的定时器

LAD/FBD	STL	说明
Txxx IN TON PT ???ms	TON Txxx,PT	TON 接通延时定时器用于测定单独的时间间隔
Txxx IN TONR PT ???ms	TONR Txxx,PT	TONR 保持型接通延时定时器用于累积多个定时时间间隔的时间值
Txxx IN TOF PT ???ms	TOF Txxx,PT	TOF 断开延时定时器用于在 OFF（或 FALSE）条件之后延长一定时间间隔，例如冷却电机的延时

 议一议：定时器是如何进行分类的？

TON 和 TONR 指令在使能输入 IN 接通时开始计时。当前值等于或大于预设时间时，定时器位置为接通。使能输入置为断开时，清除 TON 定时器的当前值。使能输入置为断开时，保持 TONR 定时器的当前值。输入 IN 置为接通时，可以使用 TONR 定时器累积时间。使用复位指令（R）可清除 TONR 的当前值。达到预设时间后，TON 和 TONR 定时器继续定时，直到达到最大值 32767 时才停止定时。

TOF 指令用于使输出在输入断开后延迟固定的时间再断开。当使能输入接通时，定时器控制位则立即接通，当前值设置为 0。当输入断开时，计时开始，直到当前时间等于预设时间时停止计时。达到预设值时，定时器位断开，当前值停止增加；但是，如果在 TOF 达到预设值之前使能输入再次接通，则定时器位保持接通。要使 TOF 定时器开始定时断开延时时间间隔，使能输入必须进行接通—断开转换。如果 TOF 定时器在 SCR 区域中，并且 SCR 区域处于未激活状态，则当前值设置为 0，定时器位断开且当前值不递增。

　　TON、TONR 和 TOF 定时器提供三种分辨率。分辨率由定时器编号确定，如表 2-2 所示。当前值的每个单位均为时基的倍数。例如，使用 10ms 定时器时，计数 50 表示经过的时间为 500ms。Txxx 定时器编号分配决定定时器的分辨率。分配有效的定时器编号后，分辨率会显示在 LAD 或 FBD 定时器功能框中。定时器的编号和分辨率选项如表 2-2 所示。

表 2-2　　　　　　　　　　　　　　定时器的编号和分辨率

定时器类型	分辨率/ms	最大值/s	定时器号
TON、TOF	1	32.767	T32、T96
	10	327.67	T33-T36、T97-T100
	100	3276.7	T37-T63、T101-T255
TONR	1	32.767	T0、T64
	10	327.67	T1-T4、T65-T68
	100	3276.7	T5-T31、T69-T95

 想一想：接通延时定时器有哪些特点？

　　注意：①为避免定时器编号冲突，同一个定时器编号不能同时用于 TON 和 TOF 定时器。例如：不能同时使用 TON T32 和 TOF T32。②要确保最小时间间隔，预设值（PV）增大 1。例如：使用 100ms 定时器时，为确保最小时间间隔至少为 2100ms，则将 PV 设置为 22。

　　（2）学习材料和工具清单

序号	名称	详细信息
1	中国工控网	http://www.gongkong.com/
2	中国大学 MOOC《电气控制实践训练》课程	https://www.icourse163.org/course/XMU-1001770002
3	西门子官网	https://new.siemens.com/cn/zh.html
4	西门子 S7-200 SMART CPU 模块	1 个
5	计算机及网络	1 套
6	《S7-200 SMART PLC 编程及应用(第 3 版)》	廖常初,机械工业出版社,2019

2.4.4　计划与决策

分析基于 PLC 洗车控制系统软件编程方法，完成系统程序编写的计划与决策。

工作计划

序号	工作内容	使用工具	注意事项	工作时间	
				计划时间	实际时间
1					
2					
3					
4					
5					

日期　　　　　　　　教师　　　　　　　　小组成员

2.4.5　实施与检查

步骤 1：打开 STEP 7-Micro/WIN SMART 编程软件。

步骤 2：新建项目，命名为"自动洗车控制系统"。

步骤 3：根据表 2-3 编写用户程序。

表 2-3　　　　　　　　　　　　　　洗车控制系统 I/O 端口分配表

PLC 输入端口				PLC 输出端口			
序号	元件号	端口号	功能	序号	元件号	端口号	功能
1	SB1	I0.0	启动	1	HL-1	Q0.0	洗车中(红灯)
2	SB2	I0.1	急停	2	HL-2	Q0.1	待机中(绿灯)
3	DG-1	I0.2	车辆到位	3	FS-1	Q0.2	风扇
4	DG-2	I0.3	车辆到位	4	MS-1	Q0.3	毛刷电机
5	SB3	I0.4	停止	5	MS-2	Q0.4	毛刷电机
				6	KA1	Q0.5	喷水
				7	KA2	Q0.6	喷洗车液

步骤 4：编写启动系统控制程序，如图 2-13~图 2-16 所示。

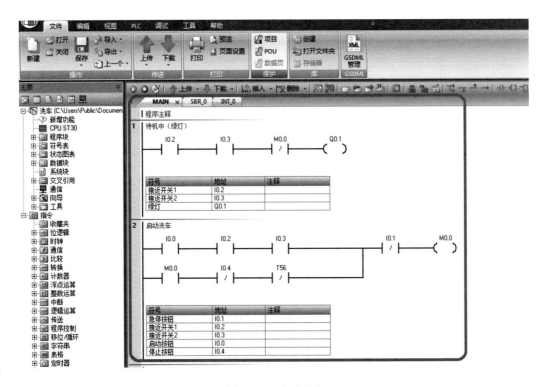

图 2-13　启动程序

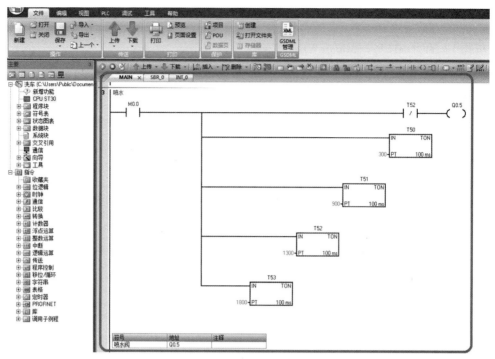

图 2-14　定时程序

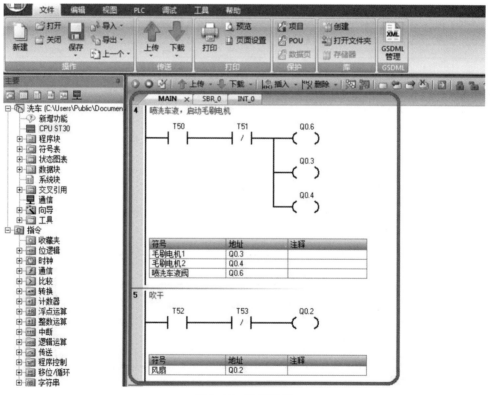

图 2-15　洗车程序

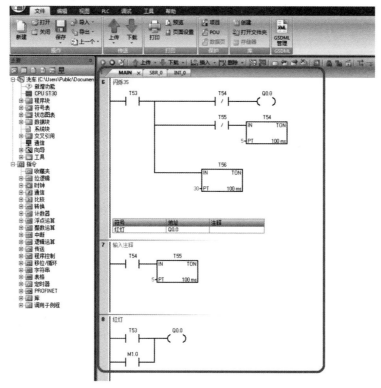

图 2-16 闪烁程序

2.4.6 评价与总结

检测编号	测量值	小组互评(30%)	教师评价(70%)
1	熟练使用 STEP 7-Micro/WIN SMART 编程软件		
2	熟练使用位指令、定时器指令		
3	熟练使用中间寄存器		
4	工作态度		
5	最终呈现作品效果		
合计			

洗车控制系统程序编写效果是否符合要求: 　　是 ○ 　　否 ○

评价人: 　　　　　　　　　日期:

_____专业	机电设备 PLC 控制与调试	评价与总结
	项目 2 洗车控制系统安装与调试	学习任务 2.4

任务 2.5　洗车控制系统调试

2.5.1　任务描述

学习目标

（1）关注市场对产品的要求，拥有积极乐观的心态。

（2）一定的分析问题和解决问题的能力。

（3）会使用编程软件监控与调试程序。

（4）掌握常见故障诊断与分析的方法。

（5）掌握安全操作规范。

（6）会联合调试电动机、PLC 和按钮，实现对洗车控制系统的调试。

工作内容

调试工作是检查洗车控制系统能否满足要求的关键工作，是对系统性能的一次客观、综合的评价。洗车机投用前必须经过全系统功能的严格调试，直到满足要求并经有关人员签字确认后才能交付使用。要求调试人员接受过专门培训，对系统的构成、硬件和软件的使用和操作都比较熟悉。

任务准备资料

（1）工具：计算机、网络、STEP7 编程软件及相关文字处理软件。

（2）资料查阅：相关论坛、贴吧、小木虫等网站查阅最新资料。

注意事项

按照标准和规范安装、拆卸、检查元气件。

2.5.2　预习任务

（1）用编程软件监控与调试的内容和方法是什么？

（2）机电一体化产品可靠性如何判断？

（3）机电一体化产品品质测试一般包括哪些方面？

（4）简述机电一体化系统电气故障诊断方法，并举例。

2.5.3 资讯

（1）知识储备

① 用程序状态监控与调试程序。

a. 梯形图的程序状态监控。将程序下载到 PLC 后，单击工具栏上的按钮，启用程序状态监控。梯形图中蓝色表示带电和触点、线圈接通。红色方框表示指令执行出错。灰色表示无能流、指令被跳过、未调用或处于 STOP 模式。用外接的小开关模拟按钮信号，观察程序状态的变化。

b. 语句表程序状态监控。切换到语句表编辑器后单击"程序状态"按钮，出现"时间戳不匹配"对话框。操作数 3 的右边是逻辑堆栈中的值。最右边的列是方框指令的使能输出位（ENO）的状态。用外接的小开关模拟按钮信号，观察程序状态的变化。单击"工具"菜单功能区的"选项"按钮，选中"选项"对话框左边窗口"STL"下面的"状态"，可以设置监控语句表程序状态的内容。

 议一议：如何在线监测调试程序。

② 用状态图表监控与调试程序。

a. 打开和编辑状态图表。在程序运行时，用状态图表来读、写、强制和监控 PLC 中的变量。双击指令树的"状态图表"文件夹中的"图表 1"，或单击导航栏上的按钮，打开状态图表。

b. 生成要监控的地址。在状态图表的"地址"列键入要监控的变量的地址，用"格式"列更改显示格式。格式"BOOL"监控的是 T、C 的位，格式"有符号"监控的是 T、C 的当前值。可将符号表中的符号或地址复制到状态图表的"地址"列。

c. 用右键单击菜单中的命令或状态图表工具栏上的按钮创建新的状态图表。

d. 单击工具栏上的"图表状态"按钮，启动和关闭状态图表的监控功能。

e. STOP 模式或未启动监控功能时，用工具栏上的按钮单次读取状态信息。

③ 写入与强制数值。

a. 写入数据。单击工具栏上的"写入"按钮，将状态图表的"新值"列所有的值传送到 PLC，并在"当前值"列显示出来。在程序状态监控时，用右键单击菜单中的命令改写某个操作数的值。在 RUN 模式时修改的数值可能很快被程序改写为新的数值，不能用写入功能改写物理输入点（地址 I 或 AI）的状态。

b. 强制的基本概念。可以强制所有的 I/O 点，还可以同时强制最多 16 个 V、M、AI 或 AQ 地址。强制的数据用 EEPROM 永久性地存储。可以通过对输入点的强制来调试程序。

c. 强制的操作方法。将要强制的值 16#1234 键入 VW0 的"新值"列，单击工具栏上的"强制"按钮，VW0 被显式强制、VB0 和 V1.3 被隐式强制，VW1 被部分隐式强制。取消对单个操作数的强制：选择一个被显式强制的操作数，单击工具栏上的"取消强制"按钮。单击工具栏上的按钮取消全部强制。关闭状态图表监控时，单击工具栏上的按钮，读取全部强制。

d. STOP 模式下强制应先按下"调试"菜单功能区的"STOP 下强制"按钮。

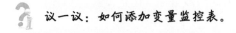

议一议：如何添加变量监控表。

④ 调试用户程序的其他方法。

a. 使用书签。单击工具栏上的按钮，生成和删除书签。可以用工具栏上的按钮使光标移动到下一个或上一个标有书签的程序段。

b. 单次扫描。在 STOP 模式单击"调试"菜单功能区的"执行单次"按钮，执行一次扫描后，自动回到 STOP 模式，可以观察首次扫描后的状态。

c. 多次扫描。在 STOP 模式单击"调试"菜单功能区的"执行多次"按钮，指定扫描的次数，执行完后自动返回 STOP 模式。

d. 交叉引用表。用于检查程序中参数当前的赋值情况，防止重复赋值。编译程序成功后才能查看交叉引用表。

⑤ 硬件系统检测注意事项。

a. 无电当有电看，永远先验电，后操作。

b. 正确使用电工仪表仪器，特别是万用表的使用。

c. 养成停电后再验电的习惯。

d. 检查总停止按钮和停止按钮，是否能够灵活断电。

e. 注意静电对电子元气件设备的影响，不用手去摸电路板。

f. 电气元件要按规定做好接地防护。

g. 采用必要的防护措施，包括安全帽、绝缘手套、绝缘胶鞋等。

h. 不能用身体触及带电部位，要有适当的防护措施，衣服要紧身，尽量穿绝缘胶鞋。

（2）学习材料和工具清单

序号	名称	详细信息
1	西门子 S7-200 SMART CPU 模块	1 个
2	计算机及网络	1 套
3	Φ5.5mm 螺丝刀	1 个
4	3mm 平口螺丝刀	1 个
5	万用表	1 个

2.5.4　计划与决策

按照主电路、控制电路、系统程序的顺序进行系统调试的计划与决策。

工作计划

序号	工作内容	使用工具	注意事项	工作时间	
				计划时间	实际时间
1					
2					
3					
4					
5					

日期　　　　　　　　　教师　　　　　　　　　小组成员

2.5.5　实施与检查

（1）用万用表检测所接回路是否短路，直流电源是否短路。

（2）检查传感器线、电机线有无接错。

（3）经指导老师检查无误后可通电调试。

2.5.6　评价与总结

检测编号	测量值	小组互评（30%）	教师评价（70%）
1	会分析故障原因		
2	工具使用规范		
3	熟练掌握软件调试程序的方法		
4	能够根据现象进行程序调试		
5	最终呈现作品效果		
合计			

洗车控制系统调试效果是否符合要求：　　　　是　○　　　　　否　○

评价人：　　　　　　　　　　　日期：

_____专业	机电设备 PLC 控制与调试	评价与总结
	项目 2　洗车控制系统安装与调试	学习任务 2.5

任务 2.6　洗车控制系统交付

2.6.1　任务描述

学习目标

（1）有精益求精的工匠精神。

（2）增强"安全、环保、标准"意识。

（3）掌握产品使用说明书的撰写规范。

（4）掌握技术文件的归档方法。

（5）提高文字处理能力。

（6）提高沟通与表达能力。

（7）会撰写洗车控制系统使用说明书。

工作内容

（1）完成洗车控制系统的装配记录报告。

（2）完成洗车控制系统的产品使用说明书。

（3）向客户交付此洗车系统，并在小组间相互进行产品使用培训。

任务准备资料

（1）工具：计算机、网络及相关文字处理软件。

（2）资料查阅：相关论坛、贴吧、小木虫等网站查阅洗车控制系统的前沿动态。

注意事项

在掌握自动洗车控制系统特性的基础上，调研用户需求，掌握销售技巧。

2.6.2　预习任务

（1）系统交付一般包括哪些环节？

（2）常见产品交付前提有哪些？

（3）什么是交付跟踪？

（4）机电一体化系统的维护有哪些方面？

（5）交付注意事项有哪些？

2.6.3　资讯

（1）知识储备

① 产品交付的方式可以分为采购方到合同约定地点自提货物和供货方负责将货物送达指定地点两大类，供货方送货又可分为将货物负责送抵现场或委托运输部门代运两种形式。

② 五个影响产品质量的因素：人、机、料、法、环。

人：指制造产品的人员。

机：指制造产品所用的设备。

料：指制造产品所使用的原材料。

法：指制造产品所使用的方法。

环：指产品制造过程中所处的环境。

这五大要素中，人是处于中心位置的，就像行驶中的汽车，汽车的四个轮子分别是"机""料""法""环"，驾驶员这个"人"的要素才是最主要的。没有了驾驶员这辆车也就只能原地不动。

 议一议：影响产品质量的主要因素。

③ 产品安全性设计。安全性是保证设备能够可靠地完成其规定功能，同时保证操作者和维护者人身安全的重要特性，安全性设计主要有防止触电的安全性设计、防止机械危险的安全性设计、防止火灾和爆炸危险的安全性设计以及防止辐射危险的安全性设计等方面。

其中，防止触电危险的安全设计主要包括：

a. 设计操作方便的电源开关，以便能及时切断电源。

b. 全部外露金属件都要可靠接地。

c. 设置过压、过流和漏电保护装置。

d. 设置高电压电容器总动放电装置。

e. 电源和高压部位应当设置明显标志，如电源进出线的"火""地""零"，蓄电池的"正""负"，以防止误操作。

f. 特别要注意高压部件的绝缘设计。

g. 露天使用的机电产品应设置避雷装置。

h. 多个电路连接器应有防差错设计。

防止机械危险的安全性设计包括：

a. 运动部件应当加防护和限位装置以保证人身安全。

b. 门、抽屉以及其他运动部件，应当加连锁装置以防意外脱落。

c. 有危险的部位，应当设置明显标志。

防止火灾和爆炸危险的安全设计包括：

a. 有爆炸危险的物资，对其使用、运输和存储都应有相应的安全措施。

b. 有易燃危险的物资，应有相应的防范措施。

c. 对电气设备，应当加强维护和检修，以防止引起火灾。

d. 尽量采用阻燃性好的材料。

e. 设置灭火装置。

防止辐射危险的安全性设计包括：

a. 微波辐射功率密度大于 $10mW/cm^2$，应当加装防护减衰装置。

b. 磁通量大于 0.1T，应当加装防护衰减装置。

 议一议：产品安全性设计方法。

（2）学习材料和工具清单

序号	名称	详细信息
1	中国工控网	http://www.gongkong.com/
2	中国大学 MOOC《电气控制实践训练》课程	https://www.icourse163.org/course/XMU-1001770002
3	西门子官网	https://new.siemens.com/cn/zh.html
4	西门子 S7-200 SMART CPU 模块	1 个
5	计算机及网络	1 套

2.6.4　计划与决策

完成洗车控制系统交付的计划与决策，包括编写说明书和培训方案。

工作计划

序号	工作内容	使用工具	注意事项	工作时间	
				计划时间	实际时间
1					
2					
3					
4					
5					

日期　　　　　　　　　　教师　　　　　　　　　　小组成员

2.6.5　实施与检查

（1）完成洗车控制系统装配的记录报告。
（2）完成洗车控制系统的产品使用说明书。
（3）向客户交付此自动洗车控制系统。
（4）小组间相互进行产品使用培训。

2.6.6　评价与总结

检测编号	测量值	小组互评（30%）	教师评价（70%）
1	系统使用报告完整		
2	产品说明书清晰完整		
3	工作态度		
4	产品展示 PPT 清晰完整		
5	产品模拟推广合理		
合计			

产品交付效果是否符合要求：　　　是　○　　　　否　○

评价人：　　　　　　　　　　日期：

_____专业	机电设备 PLC 控制与调试	评价与总结
	项目 2　洗车控制系统安装与调试	学习任务 2.6

【延伸阅读】

大国工匠——高凤林：专焊火箭"心脏"

高凤林，1962 年 3 月出生，曾获全国劳动模范、全国五一劳动奖章、全国国防科技工业系统劳动模范、全国道德模范、全国技术能手、首次月球探测工程突出贡献者、"最美奋斗者"等荣誉称号。

高凤林是一名航天特种金属熔融焊接工，曾为 16 个国家参与的国际项目攻坚克难，被美国宇航局委以特派专家身份督导实施。2014 年高凤林参加德国纽伦堡国际发明展摘得 3 项金奖。高凤林在载人航天、嫦娥探月、北斗导航、火星探测等重大攻关项目中攻克"疑难杂症"200 多项。发动机的焊接极其精微耗时，任何一个极小的失误，在火箭升空过程中都可能引发毁灭性爆炸。高凤林能做到在 0.01s 内精准控制焊枪停留在燃料管道上，上万次的操作零失误，其个人科研成果丰硕，著书 3 部，发表论文 43 篇，专利 26 项。他在焊接钛合金自行车、大型真空炉、超薄大型波纹管等多个领域，填补了中国的技术空白。

正因为高凤林的技术极其高超，很多外企高薪挖他，甚至开出 8 倍于现有的高薪，但都被高凤林一一回绝，而今，高凤林依然奋斗在焊接的事业之上，不为高薪诱惑，仍为我国的航天和导弹技术继续做着贡献。

思考：大国工匠高凤林最让你敬佩的是什么品质？

项目 3

分拣控制系统安装与调试

工作要求

分拣控制系统是现代制造业必不可少的设备之一，其能够大幅提高生产效率，降低生产成本，特点有：

① 能连续、大批量地分拣货物。

② 分拣误差率极低。

③ 分拣作业实现无人化。

分拣系统一般由控制装置、分类装置、输送装置及分拣道口组成。本项目要求制作一个基于 PLC 的分拣控制系统，对三种不同形状和材质的物料进行自动分类，围绕分拣控制系统的制作过程，按照任务分析、总体设计、硬件安装与检测、软件程序设计、系统调试和系统交付等内容展开学习。计算机设计 3D 图如图 3-1 所示。

图 3-1　分拣控制系统计算机设计 3D 图

具体工作要求：

针对三种不同类型的物料进行分类，包括：物料 1（圆柱铁块）、物料 2（带槽口的圆柱铁块）、物料 3（圆柱塑料块）。工作原理是利用光纤对射传感器和电感传感器组合识别物料，通过 PLC 控制分料气缸动作，促使各类物料滑落至指定料仓中，实现三种物料的分类。

工作流程（表 3-1）：

① 将三种物料随机放入立体料仓，按下启动按钮，推料气缸将物料推入滑道，挡料气缸将物料挡住防止物料继续滑落，到位后，光纤对射传感器和电感传感器对物料进行检测。

表 3-1　　　　　　　　　　　　　　　3 种物料按信号分拣

序号	电感传感器信号	光纤对射传感器信号
物料 1	有	无
物料 2	有	有
物料 3	无	无

物料 1（圆柱铁块）：物料 1 可以被电感传感器检测到，同时会挡住光纤对射传感器所传出的信号，使得电感传感器有信号，光纤对射传感器无信号，据此判定为圆柱铁块。

物料 2（带槽口的圆柱铁块）：铁块可以被电感传感器检测到，槽口可以使光纤对射传感器得到信号，使得电感传感器有信号，光纤对射传感器有信号，据此判定为带槽口的圆柱铁块。

物料 3（圆柱塑料块）：电感传感器检测不到塑料，因此无信号。圆柱塑料块挡住光纤对射传感器所传出的信号，因此光纤对射传感器无信号，据此判定为圆柱塑料块。

② 检测完毕后，如果结果为物料 1（圆柱铁块），挡料气缸缩回，将物料滑到 1 号料槽内。如果为物料 2（带槽口的圆柱铁块），1 号分料气缸动作，滑道上的落料口打开，挡料气缸缩回，物料 2 通过落料孔落入 2 号料槽。如果为物料 3（圆柱塑料块），2 号分料气缸动作，滑道上的落料口打开，挡料气缸缩回，物料 3 通过落料孔落入 3 号料槽。

③ 自动模式下，物料在重力作用下滑落到指定位置，并逐一被识别。当全部物料识别结束后，系统停止工作。

学业安排与目标（图 3-2）

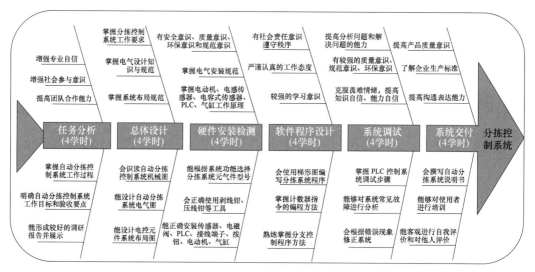

图 3-2　学习时间与目标计划

注意事项

（1）工作过程中，始终将安全放在第一位。

（2）应爱护工具、保护环境。

任务 3.1　分拣控制系统任务分析

3.1.1　任务描述

学习目标

（1）了解基于 PLC 控制的分拣控制系统工作原理。

（2）通过了解控制技术在日常生活中的应用，提高专业学习信心，提升专业认同感。

（3）通过分析分拣控制系统，掌握目前行业企业设备工作情况。

（4）通过了解系统成本及产品运营方式，培养创业意识。

（5）锻炼搜集信息的能力。

（6）锻炼语言表达和文字整理能力。

工作内容

调研 PLC 应用现状，分析基于 PLC 的分拣控制系统的可行性，总结基于 PLC 的分拣控制系统工作原理，形成调研报告。

任务准备资料

（1）工具：计算机、网络及相关文字处理软件。

（2）资料查阅：相关论坛、贴吧、小木虫等网站查阅最新资料。

注意事项

细致认真，逻辑严谨，实事求是，数据真实可靠。

3.1.2　预习任务

（1）什么是自动分拣控制系统？有什么优势？

（2）分拣控制系统在现代行业中的应用情况如何？举例说明。

（3）分拣控制系统的使用寿命如何？

（4）分拣控制系统可以对哪些材质进行分拣？

（5）分拣控制系统的应用前景如何？

3.1.3　资讯

（1）知识储备

① 自动分拣控制系统的工作原理。近年来人工成本的快速上升，仓储物流企业对自动分拣系统等信息化产品需求大量增加。在一个完整的自动化物流仓储系统中，输送分拣装备是物流自动化中的核心设备。自动化分拣装备的效率是人工的 3 倍以上。为了达到自动分拣的目的，自动化分拣系统通常由供件系统、分拣系统、下料系统、控制系统四个部分组成。在控制系统的协调作用下，实现物件从供件系统进入分拣系统进行分拣，最后由下料系统完成物件存放，从而达到物件分拣目的。

 议一议：分拣系统的作用。

供件系统：供件系统是为了保证待分拣物件在各种物理参数的自动测量过程中，通过信息的识别和处理，准确地送入分拣系统中。

分拣系统：分拣系统是整个系统的核心，是实现分拣的主要执行系统。它的目的就是使具有各种不同附载信息的物件，在一定的逻辑关系的基础上实现物件的分配与组合。

下料系统：下料系统是分拣处理的末端设备，它的目的是为分拣处理后的物件提供暂时的存放位置，并实现一定的管理功能。

控制系统：控制系统是整个分拣系统的大脑，它的作用不仅是将系统中的各个功能模块有机地结合在一起协调工作，而且更重要的是控制系统中的通信与上层管理系统进行数据交换。

② 自动分拣系统的工作过程。分拣系统由一系列各种类型的输送机、附加设施和控制系统组成，大致可分为合流、分拣信号输入、分流和分运四个阶段。

合流：按拣选指令从不同货位拣选出来的物料，通过一定的方式送入前处理设备，并由前处理设备汇集到主输送线上，这一过程称为合流。

分拣信号输入：到达主输送线上的物料，通过自动识别装置（如条码扫描器等）读取物料的基本信息，由计算机对读取的物料信息进行相应的处理，这一过程称为分拣信号输入。

分流：物料信息被录入计算机系统后，在主输送线上继续移动，仓储货架分拣系统实时检测物料移动的位置，当物料到达相应的分拣道口时，控制系统向分类机构发出分拣的指令，分类机构立刻产生相应的动作，使物料进入相应的分拣道口，这一过程称为分流。

分运：进入分拣道口的物料最终到达分拣系统的终端，由人工或机械搬运工具分运到相应的区域。

议一议：分拣系统的流程。

③ 自动分拣控制系统的发展前景。从行业应用来看，分拣设备广泛应用在医药、烟草、流通、食品、汽车等行业，特别是对于电商和快递行业。随着热度与发展速度的提升以及人工红利的消失，自动化输送分拣装备的需求火速增长。目前，主要电商企业生产的快递订单高达数亿件，而快递企业处理包裹数量则更多。中国的物流配送也已经从以天为单位向着以小时为单位变化。

从地理区域来看，经济较为发达且人工密度较高的地区应用分拣系统较多。随着电商行业的发展，中国物流分拣市场的发展前景广阔。

从行业发展来看，目前物流运输系统中提供输送分拣系统的企业主要分为两大类：输送分拣技术与解决方案的公司和物流系统集成商。从企业角度，我国的分拣设备与解决方案取得了较大进步，另外，我国是目前世界上经济增长速度最快的市场，尤其是快递和电商市场，在产品性价比上具有明显优势。

（2）学习材料和工具清单

序号	名称	详细信息
1	中国工控网	http://www.gongkong.com/
2	中国大学 MOOC《电气控制实践训练》课程	https://www.icourse163.org/course/XMU-1001770002
3	西门子官网	https://new.siemens.com/cn/zh.html
4	各类分拣控制系统解决方案	—
5	中国大学 MOOC《写作与交流》课程	https://www.icourse163.org/course/JIANGNAN-1001753344
6	《秘书写作实务（第 2 版）》	朱利萍，等，重庆大学出版社，2014
7	《中国机械工程发明史》	刘仙洲，北京出版社，2020
8	《S7-200 SMART PLC 编程及应用（第 3 版）》	廖常初，机械工业出版社，2019

3.1.4　计划与决策

分析基于 PLC 的分拣控制系统工作要求，完成调研报告的计划与决策。

工作计划

序号	工作内容	使用工具	注意事项	工作时间	
				计划时间	实际时间
1					
2					
3					
4					
5					

日期　　　　　　　　　　　　教师　　　　　　　　　　　　小组成员

3.1.5 实施与检查

1. 分析分拣控制系统工作要求,完成调研报告的实施与检查。
2. 分组展示调查结果,每组 10min。

3.1.6 评价与总结

检测编号	测量值	小组互评(30%)	教师评价(70%)
1	调研内容与主题的一致度		
2	对主题的认知深度		
3	工作态度		
4	报告撰写规范程度		
5	最终呈现作品效果		
合计			

调研报告效果是否符合要求: 是 ○ 否 ○

评价人: 日期:

_____专业	机电设备 PLC 控制与调试	评价与总结
	项目 3 分拣控制系统安装与调试	学习任务 3.1

任务 3.2　分拣控制系统总体设计

3.2.1　任务描述

学习目标

(1) 掌握气缸工作原理。

(2) 掌握电容式传感器、电感式传感器、接近开关工作原理。

(3) 掌握电气控制系统设计规范。

(4) 提高团队合作意识。

工作内容

明确工作任务，完成系统设计，即完成基于西门子 S7-200 SMART PLC 的分拣控制系统设计，具体包括识读系统机械图，设计系统电气原理图，设计系统元件安装布局图。

任务准备资料

(1) 工具：计算机、网络及相关文字处理软件。

(2) 资料查阅：相关论坛、贴吧、小木虫等网站查阅最新资料。

注意事项

设计符合国家标准，美观合理。

3.2.2　预习任务

（1）怎样设计手动模式和自动模式？

（2）一般情况下，电感式传感器的引脚怎样接？

（3）气动回路包括哪些部分？

（4）气缸的工作原理是什么？

（5）国家标准中，电气安装接线的规范是什么？

3.2.3　资讯

（1）知识储备

在气动自动化系统中，气缸由于具有相对成本较低，容易安装，结构简单，耐用，各种缸径尺寸及行程可选等优点，是应用最广泛的一种执行元件。根据使用条件不同，气缸的结构、形状和功能也不一样。气缸主要的分类方式如表 3-2 所示。

表 3-2　　　　　　　　　　　　　　气缸的分类

分类		功能
按活塞的形式	活塞式	最普通的气缸形式，可分为单动，双动，差动形式
	柱塞式	杆精加工，缸壁不需精加工，一般只能单向运动
	膜片式	膜片变形驱动活塞杆移动
按活塞杆的形式	单杆	活塞的单侧有活塞杆
	双杆	活塞的两侧都有活塞杆
按有无缓冲装置	无缓冲	没有缓冲装置
	单侧缓冲	单侧装有缓冲装置
	双侧缓冲	两侧装有缓冲装置

议一议：气缸的分类。

a. 双作用气缸动作原理。如图 3-3 所示为普通型单活塞杆双作用气缸的结构图。双作用气缸一般由缸筒 1、前缸盖 3、后缸盖 2、活塞 8、活塞杆 4、密封件和紧固件等零件组成，缸筒 1 与前后缸盖之间由四根螺杆紧固锁定。缸内有与活塞杆相连的活塞，活塞上装有活塞密封圈。为防止漏气和外部灰尘的侵入，前缸盖上装有活塞杆、密封圈和防尘密封圈。这种双作用气缸被活塞分成两个腔室：有杆腔（简称头腔或前腔）和无杆腔（简称尾腔或后腔）。有活塞杆的腔室称为有杆腔，无活塞杆的腔室称为无杆腔。

从无杆腔端的气口输入压缩空气时，若气压作用在活塞左端面上的力克服了运动摩擦力、负载等各种反作用力，则当活塞前进时，有杆腔内的空气经该端气口排出，使活塞杆伸出。同样，当有杆腔端气口输入压缩空气时，活塞杆缩回至初始位置。通过无杆腔和有杆腔交替进气和排气，活塞杆伸出和缩回，气缸实现往复直线运动。

气缸缸盖上未设置缓冲装置的气缸称为无缓冲气缸，缸盖上设置缓冲装置的气缸称为缓冲气缸。如图 3-3 所示的气缸为缓冲气缸，缓冲装置由缓冲节流阀 10、缓冲柱塞 9 和缓冲密封圈等组成。当气缸行程接近终端时，由于缓冲装置的作用，可以防止高速运动的活塞撞击缸盖现象发生。

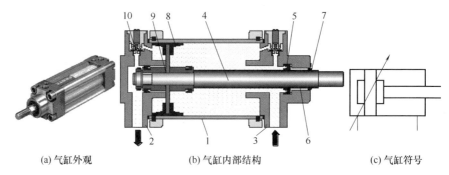

(a) 气缸外观　　　　(b) 气缸内部结构　　　　(c) 气缸符号

1—缸筒；2—后缸盖；3—前缸盖；4—活塞杆；5—防尘密封圈；
6—导向套；7—密封圈；8—活塞；9—缓冲柱塞；10—缓冲节流阀。

图 3-3　缓冲气缸

 议一议：双作用气缸作用力的计算方法。

　　b. 单作用气缸动作原理。单作用气缸在缸盖一端气口输入压缩空气使活塞杆伸出（或缩回），而另一端靠弹簧力、自重或其他外力等使活塞杆恢复到初始位置。单作用气缸只在动作方向需要压缩空气，故可节约一半压缩空气，主要用在夹紧、退料、阻挡、压入、举起和进给等操作上。

　　根据复位弹簧位置将作用气缸分为预缩型气缸和预伸型气缸。当弹簧装在有

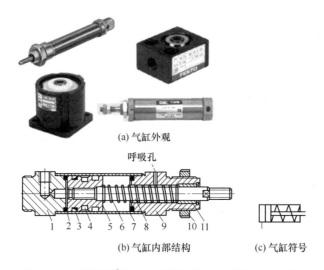

(a) 气缸外观

呼吸孔

(b) 气缸内部结构　　　(c) 气缸符号

1—后缸盖；2—橡胶缓冲垫；3—活塞密封圈；4—导向环；5—活塞；
6—弹簧；7—缸筒；8—活塞杆；9—前缸盖；10—螺母；11—导向套。

图 3-4　预缩型单作用气缸

杆腔内时，由于弹簧的作用力而使气缸活塞杆初始位置处于缩回位置，我们将这种气缸称为预缩型气缸；当弹簧装在无杆腔内时，气缸活塞杆初始位置为伸出位置的称为预伸型气缸。

如图 3-4 所示为预缩型单作用气缸，这种气缸在活塞杆旁侧装有复位弹簧，在前缸盖上开有呼吸用的气口。除此之外，其结构基本上和双作用气缸相同。图中单作用气缸的缸筒和前后缸盖之间采用滚压铆接方式固定。单作用气缸行程受到内装回程弹簧自由长度的影响，其行程长度一般在 100mm 以内。

 议一议：单作用气缸的工作原理。

（2）学习材料和工具清单

序号	名称	详细信息
1	西门子 S7-200 SMART CPU 模块	1 个
2	计算机及网络	1 套
3	对射式开关	1 个
4	电感式开关	1 个
5	导线和按钮	若干
6	双作用气缸	3 个

3.2.4　计划与决策

分析分拣控制系统工作要求，完成系统设计的计划与决策。

工作计划

序号	工作内容	使用工具	注意事项	工作时间	
				计划时间	实际时间
1					
2					
3					
4					
5					

日期　　　　　　　　　教师　　　　　　　　　小组成员

3.2.5　实施与检查

步骤 1：识读分拣控制系统结构图（图 3-5，图 3-6）。

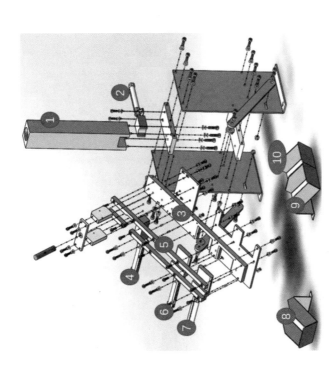

1—立体料仓；2—推料气缸；3—滑道；4—挡料气缸；5—传感器支架；6——号分料气缸；
7—二号分料气缸；8—分料槽 1；9—分料槽 2；10—分料槽 3。

图 3-5　分拣控制系统结构图

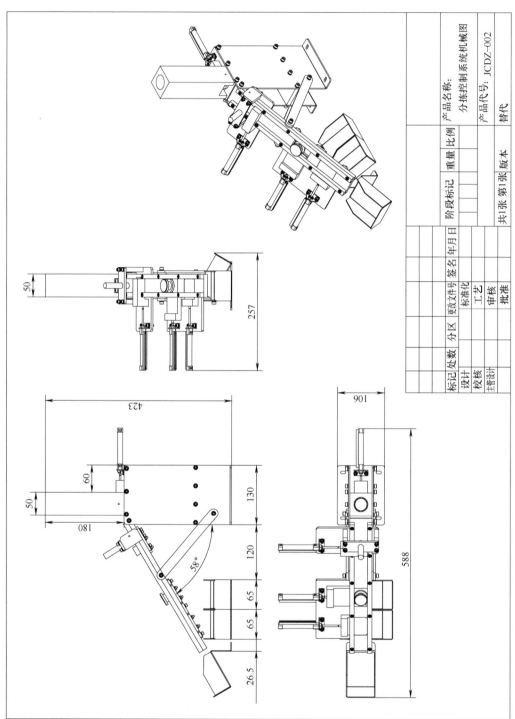

图 3-6　分拣控制系统机械图

步骤 2：设计分拣控制系统电气原理图（图 3-7 ～图 3-10）。

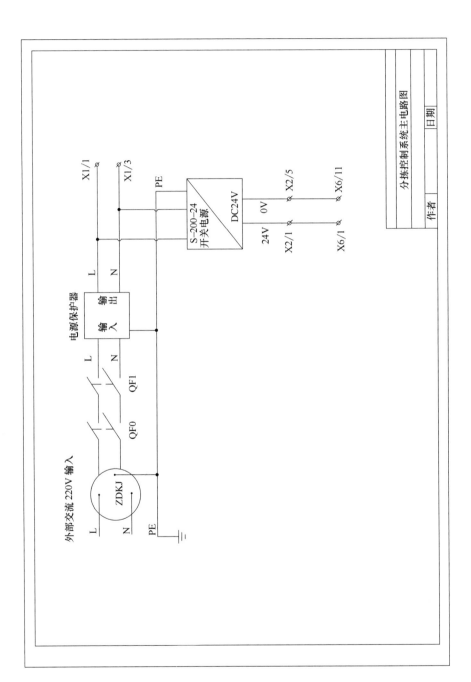

图 3-7　分拣控制系统主电路图

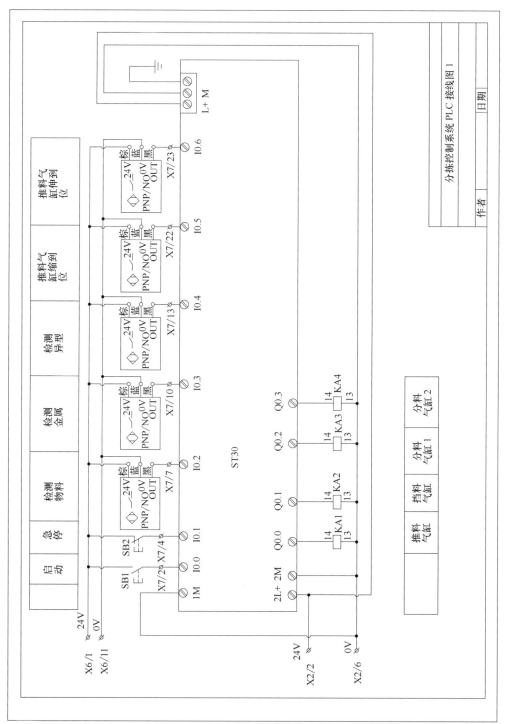

图 3-8 分拣控制系统 PLC 接线图 1

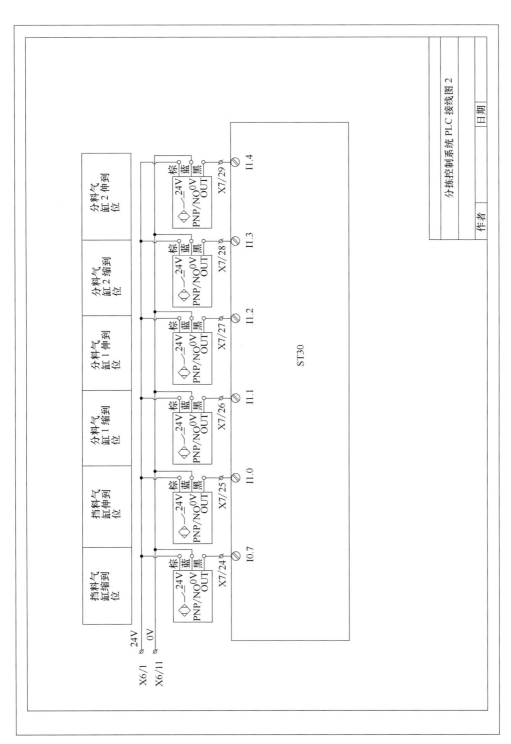

图 3-9 分拣控制系统 PLC 接线图 2

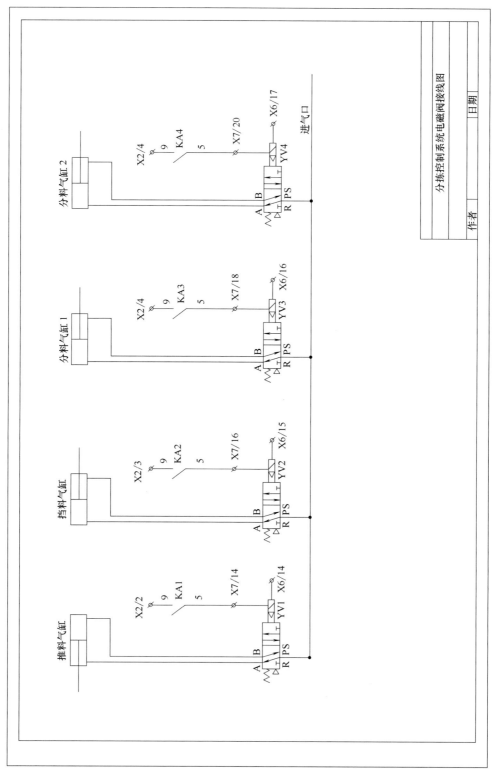

图 3-10 分拣控制系统电磁阀接线图

步骤 3：设计分拣控制系统控制柜布局图（图 3-11）。

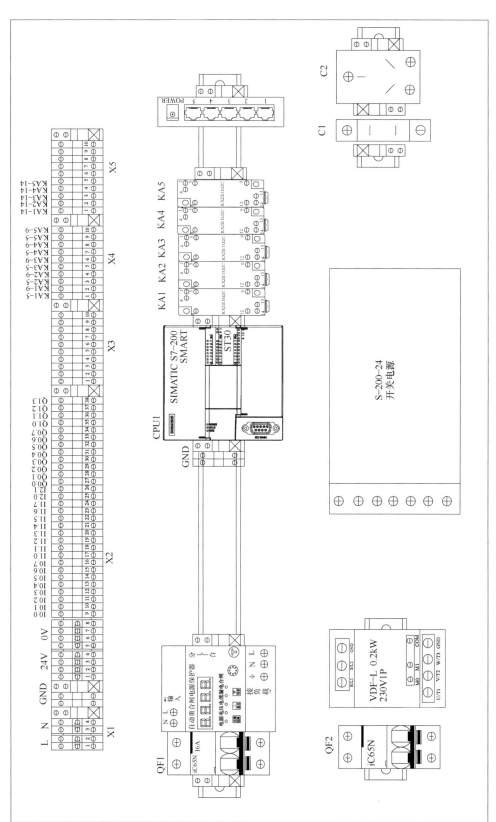

图 3-11　控制系统布局图

3.2.6 评价与总结

检测编号	测量值	小组互评(30%)	教师评价(70%)
1	识读机械图		
2	电气原理图合理		
3	工作态度		
4	系统布局合理		
5	最终呈现作品效果		
合 计			

分拣控制系统设计效果是否符合要求：　　　　是　○　　　　　否　○

评价人：　　　　　　　　　　日期：

_____专业	机电设备 PLC 控制与调试	评价与总结
	项目 3　分拣控制系统安装与调试	学习任务 3.2

任务 3.3　分拣控制系统硬件安装与检测

3.3.1　任务描述

学习目标

（1）有安全意识、质量意识、环保意识。

（2）掌握电气安装规范。

（3）掌握 PLC、气缸、电感式传感器、光纤对射式传感器的工作原理。

（4）能根据系统功能选择元器件型号。

（5）会正确安装和连接 PLC、气缸、电磁阀、传感器、滑轨。

（6）会正确使用剥线钳、压线钳、万用表等工具。

工作内容

明确工作任务，即分拣控制系统的硬件系统安装与检测，具体包括导轨安装、电源模块安装、CPU 安装，气缸、电磁阀、电感式传感器、光纤对射式传感器的安装等。在安装完成后进行检测，包括目测和使用工具测量。

任务准备资料

（1）元气件：网孔板、导轨、电源模块、空气开关、接线端子、PLC、气缸、气源装置、电感式传感器、光纤对射式传感器、按钮、导线。

（2）工具：剥线钳、压线钳、万用表、计算机、网络及相关文字处理软件。

（3）资料查阅：相关论坛、贴吧、小木虫等网站查阅最新资料。

注意事项

安装符合设计要求，牢固、美观、合理。

3.3.2　预习任务

（1）简述 PLC 通信的基本概念。

（2）对射式传感器的工作原理是什么？

（3）气源装置、气动回路、电磁阀、气缸是如何协同工作的？

（4）什么是气动技术？什么是液压技术？各有什么优缺点？

（5）国标中对导线和按钮的使用标准是什么？

3.3.3　资讯

（1）知识储备

① 西门子 S7-200 SMART 的通信。S7-200 SMART CPU 上有四个通信接口，提供了以下通信类型：

- 以太网端口（如果 CPU 型号支持）：
—STEP7-Micro/WIN SMART 编程
—GET/PUT 通信
—HMI：以太网类型
—基于 UDP、TCP 或 ISO-ON-TCP 的开放式用户通信（OUC）
—PROFINET 通信

 议一议：　PLC 通信类别。

- RS485 端口（端口 0）：
—使用 USB-PPI 电缆进行 STEP 7-Micro/WIN SMART 编程
—TD/HMI：RS485 类型
—自由端口（XMT/RCV），包括 Siemens 提供的 USS 和 Modbus RTU 库

- PROFIBUS 端口：如果 CPU 模块支持扩展模块，则 S7-200 SMART CPU 可支持两个 EM DP01 模块进行 PROFIBUS DP 与 HMI 通信。
- RS485/RS232 信号板（SB）（如存在，端口 1）：
—TD/HMI：RS485 或 RS232 类型
—自由端口（XMT/RCV），包括 Siemens 提供的 USS（仅 RS485）和 Modbus RTU（RS485 或 RS432）

② 对射式传感器。由一个发光器和一个收光器组成的光电开关称为对射分离式光电开关，简称对射式光电开关。它的检测距离可达几米至几十米。使用时把发光器和收光器分别装在检测物通过路径的两侧，检测物通过时阻挡光路，收光器动作输出一个开关控制信号。以 HD-DS200CM 远距离红外对射式传感器为例，其参数如下，外观如图 3-12 所示。

【波段范围】：远红外　　　　【传输信号】：模拟型
【型号】：HD-DS20　　　　　【光路径】：反射型外光路
【种类】：光学发射期间　　　【价格】20～50 元

③ 气缸及其型号选择。气缸内含有不锈钢活塞杆，有良好的运动性能，使用寿命长。活塞杆带外螺纹或内螺纹，附件齐全，可安装在任何地方。本项目选择 DSNU 8-16mm 型号双作用气缸，为不锈钢缸筒，具有精致铝合金短端盖，能够节省空间，具体参数如图 3-13 所示，根据项目需求选择直径为 10mm 型号的气缸。

学习笔记

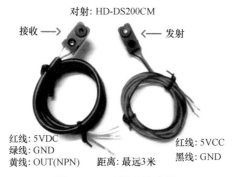

对射: HD-DS200CM

接收 —→   ←— 发射

红线: 5VDC   红线: 5VCC
绿线: GND   黑线: GND
黄线: OUT(NPN)   距离: 最远3米

图 3-12   对射式传感器

P 缓冲

PPV 缓冲

PPS 缓冲

缸径
8～25mm
ISO 6432

缸径
32～63mm

工作行程
1～500mm,
按要求可提供
更长的行程

主要技术参数

缸径 φ	8	10	12	16	20	25	32	40	50	63
符合标准	ISO 6432					—				
气接口	M5	M5	M5	M5	G1/8	G1/8	G1/8	G1/4	G1/4	G3/8
活塞杆螺纹	M4	M4	M6	M6	M8	M10×1.25	M10×1.25	M12×1.25	M16×1.5	M16×1.5
行程/mm	1～100		1～200		1～320	1～500				
结构特点	活塞/活塞杆/缸筒									
缓冲										
DSNU-...-P	两端带弹性缓冲垫									
DSNU-...-PPV	—		缓冲,两端可调节							
DSNU-...-PPS	—		缓冲,两端自调节							
缓冲长度/mm										
DSNU-...-PPV	—	9	12	15	17	14	18	20	21	
DSNU-...-PPS	—		12	15	17	14	18	20	21	
位置感测	通过接近开关									
安装方式	直接安装(仅派生型 MH)									
	通过附件									
安装位置	任意									

图 3-13   DSNU 8-16mm 双作用气缸型号标准

 议一议：PNP 与 NPN 型传感器的区别。

④ 气源处理装置及其型号选择（图 3-14、表 3-3）。

【系列】：DB-系列　　　　　　　【功能】：空气预处理单元

【规格】：MINI-网格尺寸 4mm　　【气动接口】：内螺纹 G1/4

【压力调节范围】：0.5MPa　　　　【过滤等级】：40μm

【压力表】：带压力表　　　　　　【额外的功能】：直动式减压阀

FRC/FRCS-...-MICRO/MINI/MIDI
手动冷凝水排放，带压力表

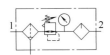

半自动或全自动冷凝水排放，带
压力表

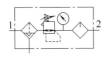

FRC/FRCS-...-MAXI
手动冷凝水排放，带压力表

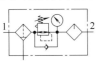

全自动冷凝水排放，带压力表

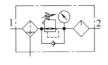

流量
90~8700 l/min

温度范围
-10~+60℃

输入压力
0.1~1.6MPa

· 将过滤器、减压阀和油雾器
　组合在一个单元内
· 大流量，高效去除污物
· 良好的调节特性，迟滞小
· 通过锁定旋转手柄来防止
　设定参数值被篡改
· 可锁定旋转手柄

· 两种压力调节范围0.05~0.7MPa
　和 0.05~1.2MPa
· 两种压力表接口，用于不同安
　装选项
· 带手动、半自动或
　全自动冷凝水排放
· 可选滤芯：5μm 或 40μm
· 滤芯新产品➔30

建议使用以下油品用于
Festo 的元件：
黏度范围符合ISO 3448，
ISO等级 VG 32
32mm²/s(=cSt)，40℃

· Festo 专用油
　➔31
· ARAL Vitam GF 32
· BP Energol HLP 32
· Esso Nuto H 32
· Mobil DTE 24
· Shell Tellus Oil DO 32

图 3-14　气源处理装置分类

　议一议：气缸选型。

表 3-3 气源处理装置主要技术参数

规格	Micro					Mini			Midi				Maxi		
气接口	M5	M7	G⅛	QS4	QS6	G⅛	G¼	G⅜	G¼	G⅜	G½	G¾	G½	G¾	G1
工作介质	压缩空气														
结构特点	过滤减压阀,带/不带压力表														
	比例标准油雾器														
安装方式	通过附件														
	管式安装														
安装位置	垂直±5°														
减压阀锁具	旋转手柄,带锁定														
	—					旋转手柄,带集成锁具									
过滤等级/μm	5					5 or 40									
最大迟滞/MPa	0.03					0.02							0.04		
压力调节范围/MPa	0.05~0.7					0.05~0.7									
						0.05~1.2									
压力显示	通过压力表														
	M5 预置					G⅛ 预置			G¼ 预置				G¼ 预置		
最大冷凝水容积/cm³	3					22			43				80		

输入压力/MPa				
冷凝水排放	手动	0.1~1		0.1~1.6
	半自动	0.1~1		—
	全自动	—		0.2~1.2

（2）学习材料和工具清单

序号	名称	详细信息
1	西门子 S7-200 SMART CPU 模块	1 个
2	FESTO 圆形气缸 DSNU/ESNU 使用说明书	1 份
3	FESTO 气源处理装置 FRC/FRCS,D 系列使用说明书	1 份
4	计算机及网络	1 套
5	导线和按钮	若干
6	对射式传感器	1 套
7	气缸	4 个
8	气源装置	1 个
9	电感式传感器	1 个
10	6mm/4mm 气管	若干
11	导轨	若干
12	剥线钳	1 个
13	万用表	1 个
14	号码管	若干
15	螺丝刀	1 套
16	压线钳	1 个

3.3.4　计划与决策

分析分拣控制系统工作要求，完成硬件系统安装与检测的计划与决策。

工作计划

序号	工作内容	使用工具	注意事项	工作时间	
				计划时间	实际时间
1					
2					
3					
4					
5					

小组成员

日期　　　　　　　　　　　　　　教师

3.3.5　实施与检查

（1）分拣控制系统电气部分安装

步骤 1：气件选型。

步骤 2：设计安装步骤。根据电气原理图和元件布局图，按照先主电路，后控制电路的顺序进行安装。

步骤 3：选配相关工具。检查工具、仪表是否整齐和完好，本项目需使用到的工具见工具清单。

步骤 4：查看元气件规格型号是否符合分拣控制系统要求，外观是否破损，附件是否齐全完好。

步骤 5：检查交流接触器是否动作灵活。检查交流接触器的电磁机构动作是否灵活，有无衔铁卡阻等不正常现象，用万用表检查线圈并记录线圈的直流电阻及各触头分合的情况。

步骤 6：将元器件根据布局图放在网孔板上。先进行预摆放，不固定元器件，充分考虑主电路和控制电路之间的关系和接线走向，合理安排元器件之间的疏密程度，以便于安装和维修为原则进行摆放。

步骤 7：安装和固定元件。

步骤 8：微调并锁紧元件。

步骤 9：接电源电路（从上到下，从左到右，先串联再并联）。接线时，严禁损伤线芯和导线绝缘层。原则上导线必须走线槽，并做到尽可能少交叉。

步骤 10：接主电路。

步骤 11：接控制电路。

（2）分拣控制系统的检测

目测：

① 按电路图、接线图从电源端开始，逐段核对接线端子及接线端子标号是否正确。

② 检查导线节点是否符合要求。

③ 检查压接是否牢固。

④ 检查接触是否良好，导线是否压接到绝缘层。

仪表检测：

① 检查包括电路安全和电路功能。检查电路安全——电路是否存在短路现象；检查电路功能——依据电路原理图进行分析，逐项检查，遇到接触器需要吸合的状态可以手动代替。

② 对主电路进行自检。

③ 对控制电路进行自检。

3.3.6 评价与总结

检测编号	测量值	小组互评(30%)	教师评价(70%)
1	布线规范合理		
2	元件安装规范合理		
3	正确检查线路		
4	正确使用工具		
5	最终呈现作品效果		
合计			

分拣控制系统硬件安装是否符合要求：　　　　是　○　　　　否　○

评价人：　　　　　　　　　日期：

_____专业	机电设备 PLC 控制与调试	评价与总结
	项目 3　分拣控制系统安装与调试	学习任务 3.3

任务 3.4　分拣控制系统软件程序设计

3.4.1　任务描述

学习目标

（1）掌握 STEP 7-Micro/WIN SMART 编程软件使用方法。

（2）掌握计数器指令方法。

（3）掌握顺序结构和分支结构编程方法。

（4）能实现分拣控制系统编程。

工作内容

完成基于西门子 S7-200 SMART PLC 的分拣控制系统程序编写，具体工作要求如前所述。

任务准备资料

（1）工具：计算机、网络、STEP7 编程软件及相关文字处理软件。

（2）资料查阅：西门子 S7-200 SMART PLC 说明书，在论坛、贴吧、小木虫等网站查阅最新资料。

注意事项

程序设计简洁、有序，实现项目功能。

3.4.2　预习任务

（1）PLC 的顺序编程结构和分支编程结构分别指什么？适用于什么情况？

（2）计数器指令有哪些？具体使用方法是什么？

（3）如何界定输入信号和输出信号？有什么重要作用？

（4）常用的程序设计方法有哪些？各有什么特点？

3.4.3 资讯

（1）知识储备

① 程序设计方法。常用的程序设计方法有：梯形图的经验设计法、顺序控制设计法、使用置位复位指令的顺序控制梯形图设计法、使用 SCR 指令的顺序控制梯形图设计法、具有多种工作方式的系统的顺序控制梯形图设计法，现介绍前两种方法。

 议一议：程序设计方法。

梯形图的经验设计法是在一些典型电路的基础上，根据被控对象对控制系统的具体要求，不断地修改和完善梯形图。

顺序控制设计法是按照生产工艺预先规定的顺序，在各个输入信号的作用下，根据内部状态和时间的顺序，在生产过程中各个执行机构自动地有秩序地进行操作。顺序控制设计法首先根据系统的工艺过程，画出顺序功能图，然后根据顺序功能图画出梯形图。

顺序控制设计法的基本思想是将系统的一个工作周期划分为若干个顺序相连的阶段，这些阶段称为步，并用编程元件（例如 M）来代表各步。与系统的初始状态相对应的步称为初始步，初始步用双线方框表示，每一个顺序功能图至少应该有一个初始步。当系统正处于某一步所在的阶段时称该步为"活动步"。步处于活动状态时，相应的动作被执行；处于不活动状态时，相应的非存储型动作停止执行。促使步跳转的条件是动作或命令。

在画顺序功能图时，将代表各步的方框按它们成为活动步的先后次序顺序排列，并用有向连线将它们连接起来。步的活动状态进展方向是从上到下或从左至右，在这两个方向有向连线上的箭头可以省略。如果不是上述的方向，则应在有向连线上用箭头注明进展方向。步的活动状态的进展是由转换的实现来完成的，用有向连线与有向连线垂直的短划线来表示转换，使系统由当前步进入下一步的信号称为转换条件。

② 顺序功能图的基本结构。

a. 单序列结构是指执行过程中没有分支与合并，如图 3-15（a）所示。

b. 选择分支是指根据某一条件执行分支的步骤。序列的开始称为分支，转换符号只能标在水平连线之下，如图 3-15（b）所示。如果步 5 是活动步，并且转换条件 h 为 ON，则由步 5 跳转到步 8。如果步 5 是活动步，并且 k 为 ON，则由步 5 跳转到步 10。选择序列的结束称为合并，转换符号只允许标在水平连线之上。如果步 9 是活动步，并且转换条件 j 为 ON，则由步 9 跳转至步 12。如果步 11 是活动步，并且 n 为 ON，则由步 11 跳转至步 12。

c. 并行分支用来表示系统在满足条件时，几个独立部分同时工作的情况，如图 3-15（c）所示。并行序列的开始称为分支，当步 3 是活动步，并且转换条件 e 为 ON，从步 3 跳转至步 4 和步 6。为了强调转换的同步实现，水平连线用双线表示。并行序列的结束称为合并，在水平双线之下，只允许有一个转换符号。步 5 和步 7 都处于活动状态，并且转换条件 i 为 ON 时，从步 5 和步 7 跳转至步 10。

 议一议：顺序功能图的设计规则。

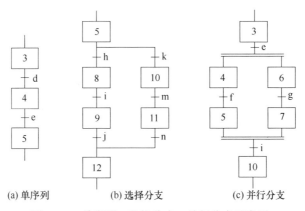

图 3-15   单序列、选择分支、并行分支示意图

③ 顺序功能图中转换实现的基本规则。

转换实现的条件：该转换所有的前级步都是活动步，且相应的转换条件得到满足。

转换实现应完成的操作：使所有的后续步变为活动步，且使所有的前级步变为不活动步。

绘制顺序功能图时的注意事项：

a. 两个步绝对不能直接相连，必须用一个转换将它们分隔开。

b. 两个转换也不能直接相连，必须用一个步将它们分隔开。

c. 不要漏掉初始步。

d. 在顺序功能图中一般应有由步和有向连线组成的闭环。

经验设计法与顺序控制设计法的本质：经验设计法试图用输入信号 I 直接控制输出信号 Q，如图 3-16（a）所示，由于不同的系统的输出量 Q 与输入量 I 之间的关系各不相同，不可能找出一种简单通用的设计方法。顺序控制设计法则是用输入量 I 控制代表各步的编程元件（例如 M），再用它们控制输出量 Q，如图 3-16（b）所示。步是根据输出量 Q 的状态划分的，因此输出电路的设计极为简单。任何复杂系统利用存储器位 M 进行控制的电路设计都是通用的，并且很容易掌握。

(a) 经验设计法编程思路　　　　　　(b) 顺序控制法编程思路

图 3-16　顺序功能图

　议一议：计数器的分类。

④ 计数器指令。S7-200 SMART PLC 的计数器指令有 CTU 加计数器、CTD 减计数器、CTUD 加减计数器三种，具体功能和使用方法如表 3-4 所示。

表 3-4　　　　　　　　　　　计数器指令功能一览

LAD/FBD	STL	说明
Cxxx CU　CTU R PV	CTU Cxxx,PV	LAD/FBD：每次加计数 CU 输入从 OFF 转换为 ON 时，CTU 加计数指令就会从当前值开始加计数。当前值 Cxxx 大于或等于预设值 PV 时，计数器位 Cxxx 接通。当复位输入 R 接通或对 Cxxx 地址执行复位指令时，当前计数值会复位。达到最大值 32767 时，计数器停止计数 STL：R 复位输入为栈顶值。CU 加计数输入加载至第二堆栈层中
Cxxx CD　CTD LD PV	CTD Cxxx,PV	LAD/FBD：每次 CD 减计数输入从 OFF 转换为 ON 时，CTD 减计数指令就会从计数器的当前值开始减计数。当前值 Cxxx 等于 0 时，计数器位 Cxxx 打开。LD 装载输入接通时，计数器复位计数器位 Cxxx 并用预设值 PV 装载当前值。达到零后，计数器停止，计数器位 Cxxx 接通 STL：LD 装载输入为栈顶值。CD 减计数输入值会装载到第二堆栈层中
Cxxx CU　CTUD CD R PV	CTUD Cxxx,PV	LAD/FBD：每次 CU 减计数入从 OFF 转换为 ON 时，CTUC 加/减计数指令就会加计数，每次 CD 减计数输入从 OFF 转换为 ON 时，该指令就会减计数。计数器的当前值 Cxxx 保持当前计数值。每次执行计数器指令时，都会将 PV 预设值与当前值进行比较。达到最大值 32767 时，加计数输入处的下一上升沿导致当前计数值变为最小值 -32768。达到最小值 -32768 时，减计数输入处的下一上升沿导致当前计数值变为最大值 32767 当前值 Cxxx 大于或等于 PV 预设值时，计数器位 Cxxx 接通。否则，计数器位关闭。当 R 复位输入接通或对 Cxxx 地址执行复位指令时，计数器复位 STL：R 复位输入为栈顶值。CD 减计数输入值会加载至第二堆栈层中。CU 加计数输入值会装载到第三堆栈层中

议一议：加计数器的触点何时有效。

类型	操作	计数器位	上电循环/首次扫描
CTU	• CU 增加当前值 • 当前值持续增加,直至达到 32767	以下情况下,计数器位接通:当前值≥预设值	• 计数器位关断 • 当前值可保留
CTD	• CD 减少当前值,直至当前值达到 0	以下情况下,计数器位接通:当前值=0	• 计数器位关断 • 当前值可保留
CTUD	• CU 增加当前值 • CD 减少当前值 • 当前值持续增加或减少,直至计数器复位	以下情况下,计数器位接通:当前值≥预设值	• 计数器位关断 • 当前值可保留

LAD			STL
I0.0 C1 ⊢⊣ CD CTD I0.1 ⊢⊣ LD +3┤PV		减计数器 C1 当前值从 3 计数至 0,当 I0.1 关断时,I0.0 的上升沿会减少 C1 当前值 I0.1 接通会装载减计数预设值 3	Network 1 LD I0.0 LD I0.1 CTD C1,+3
C1 Q0.0 ⊢⊣ ( )		当计数器 C1 当前值 = 0 时,C1 位接通	Network 2 LD C1 = Q0.0

时序图

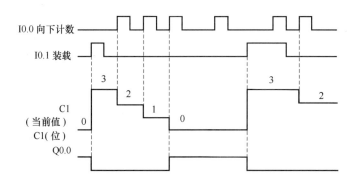

（2）学习材料和工具清单

序号	名称	详细信息
1	S7-200 SMART PLC 系统手册	1 份
2	西门子 S7-200 SMART CPU 模块	1 个
3	计算机	1 台
4	西门子编程软件	1 套

3.4.4　计划与决策

分析分拣控制系统软件编程方法，完成系统程序编写的计划与决策。

工作计划

序号	工作内容	使用工具	注意事项	工作时间	
				计划时间	实际时间
1					
2					
3					
4					
5					

小组成员

教师　　　　　　　　　　　　日期

3.4.5 实施与检查

步骤 1：打开 STEP 7-Micro/WIN SMART 编程软件。

步骤 2：新建项目。

步骤 3：点击导航栏上的系统块，找到 CPU 型号，本项目选用的是 ST30 型号的 CPU。

步骤 4：勾选以太网端口，设置 PLC 的 IP 地址值为：192.168.2.1，子网掩码为：255.255.255.0。

步骤 5：设置计算机的 IP 地址。使用网线连接 PLC 端口和计算机端口，打开电脑系统设置，找到"网络与 Internet"，然后打开"网络和共享中心"，点击所连接的 PLC 端口，双击"Internet 协议版本 4"，点击"属性"，选择 IP 地址，输入 PLC 的 IP 地址，前三位相同，最后一位改为不同。

分拣控制系统
的程序编写

步骤 6：点击导航栏上的通信，查找 CPU。

步骤 7：根据表 3-5 编写用户程序。

表 3-5　　　　　　　　　　　　分拣系统 I/O 端口分配表

PLC 输入端口				PLC 输出端口			
序号	元件号	端口号	功能	序号	元件号	端口号	功能
1	SB-1	I0.0	启动	1	KA-1	Q0.0	推料气缸(TL-1)
2	SB-2	I0.1	急停	2	KA-2	Q0.1	挡料气缸(DL-1)
3	CG-1	I0.2	检测物料	3	KA-3	Q0.2	分料气缸 1(FL-1)
4	CG-2	I0.3	检测金属	4	KA-4	Q0.3	分料气缸 2(FL-2)
5	CG-3	I0.4	检测异型				
6	TL1-1	I0.5	缩到位				
7	TL1-2	I0.6	伸到位				
8	DL1-1	I0.7	缩到位				
9	DL1-2	I1.0	伸到位				
10	FL1-1	I1.1	缩到位				
11	FL1-2	I1.2	伸到位				
12	FL2-1	I1.3	缩到位				
13	FL2-2	I1.4	伸到位				

参考程序（图 3-17~图 3-26）：

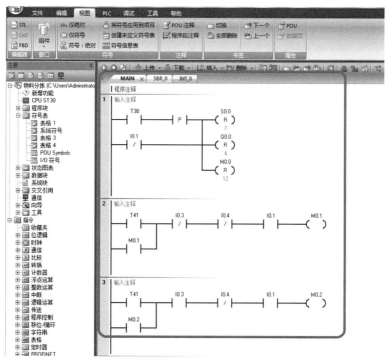

图 3-17　检测物料和物料分类初始化程序

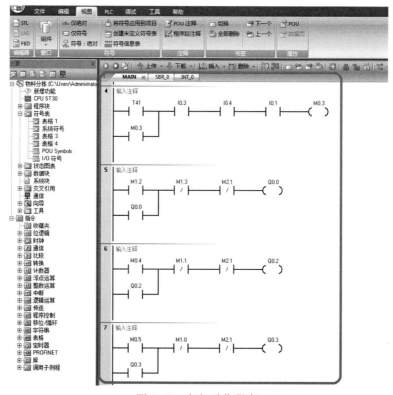

图 3-18　气缸动作程序

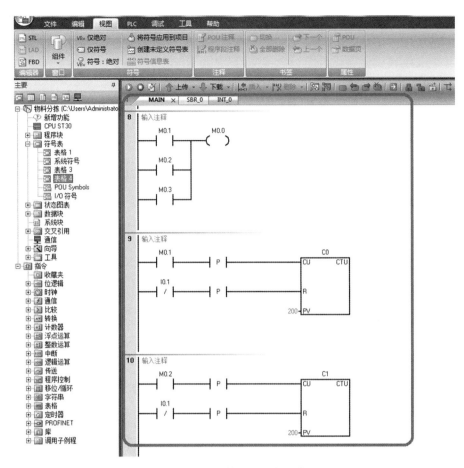

图 3-19　分拣数量控制程序

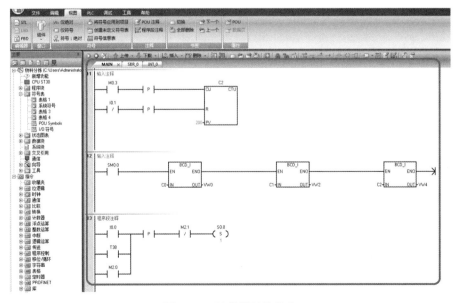

图 3-20　计数器赋值程序

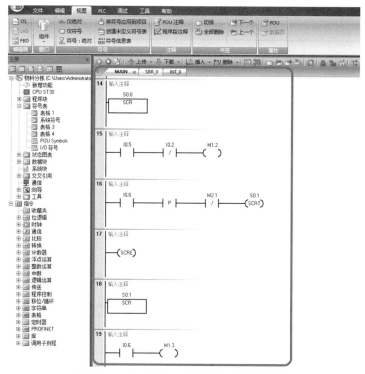

图 3-21　判断推料气缸动作是否完成程序

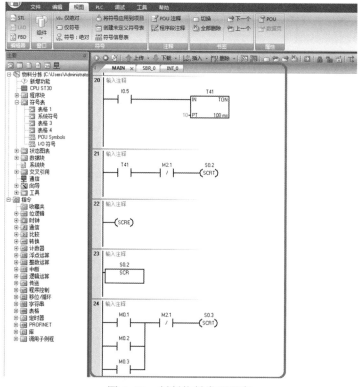

图 3-22　判断物料类型程序

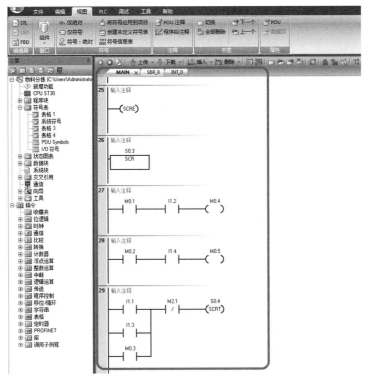

图 3-23　分料缸动作程序

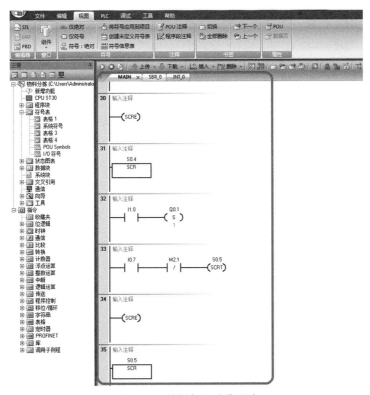

图 3-24　挡料气缸动作程序

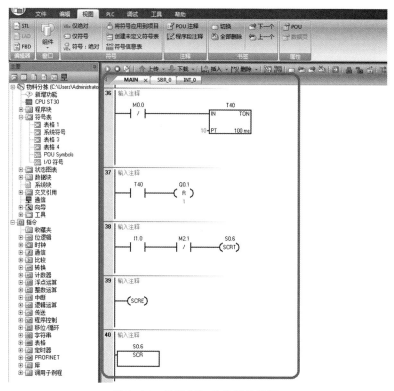

图 3-25　挡料气缸动作复位程序

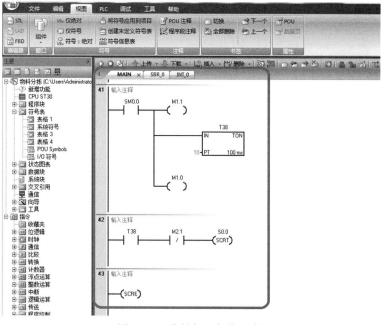

图 3-26　分料气缸复位程序

步骤 8：编译、下载程序。

步骤 9：调试程序，直至成功。

3.4.6　评价与总结

检测编号	测量值	小组互评(30%)	教师评价(70%)
1	熟练使用分支结构编写程序		
2	正确使用加计数器指令		
3	工作态度		
4	能够根据现象进行程序调试		
5	最终呈现作品效果		
合计			

分拣控制系统程序编写效果是否符合标准：　　　是　○　　　　否　○

评价人：　　　　　　　　　　日期：

_____专业	机电设备 PLC 控制与调试	评价与总结
	项目 3　分拣控制系统安装与调试	学习任务 3.4

任务 3.5　分拣控制系统调试

3.5.1　任务描述

学习目标

(1) 有积极乐观的心态。

(2) 一定的分析问题和解决问题的能力。

(3) 强化质量意识和安全意识。

(4) 掌握 PLC 控制系统的可靠性分析方法。

(5) 掌握故障检测与诊断的编程方法。

(6) 会联合调试气缸、PLC 和传感器，实现对分拣控制系统的调试。

工作内容

调试工作是检查分拣控制系统能否满足要求的关键工作，是对系统性能的一次客观、综合的评价。分拣系统投用前必须经过全系统功能的严格调试，直到满足要求并经有关人员签字确认后才能交付使用。要求调试人员接受过专门培训，对分拣系统的构成、硬件和软件的使用和操作都比较熟悉。本环节包括实验室阶段调试和生产车间调试两个部分。

任务准备资料

(1) 工具：计算机、网络及相关文字处理软件。

(2) 资料查阅：相关论坛、贴吧、小木虫等网站查阅最新资料。

注意事项

安装、拆卸前确保断开电源，并按照标准和规范进行拆装。

3.5.2　预习任务

（1）PLC 控制系统的可靠性检测包括哪些？

（2）常见的程序错误检测有哪些方面？

（3）机电一体化系统故障通常有哪些？

（4）常见的机电一体化系统电气故障有哪些？如何诊断？

3.5.3　资讯

（1）知识储备

① 硬件可靠性措施。

a. 电源的抗干扰措施。干扰较强时，可以在 PLC 的电源输入端加接带屏蔽层的隔离变压器和低通滤波器，或使用抗干扰电源和净化电源产品。

 议一议：接地保护的作用。

b. 布线的抗干扰措施。PLC 不能与高压电气元件安装在同一个开关柜内，在柜内 PLC 应远离动力线。长距离数字量信号、模拟量信号、高速信号在通信时需使用屏蔽电缆。中性线与火线、公共线与信号线应成对布线。模拟量信号的传输线应使用带双屏蔽的双绞线（每对双绞线和整个电缆都有屏蔽层）。不同的模拟量信号线应独立走线，不要把不同的模拟量信号置于同一个公共返回线。I/O 线与电源线、交流信号与直流信号、数字量与模拟量 I/O 线应分开敷设。DC 24V 和 AC 220V 信号不要共用同一条电缆。远程传送的模拟量信号应采用 4~20mA 的电流传输方式。干扰较强的环境应选用有光隔离的模拟量 I/O 模块。应短接未使用的 A-D 通道的输入端，以防止干扰信号进入 PLC。

c. PLC 的接地。安全保护地又称为电磁兼容性地，车间里一般有保护接地网络，应将电动机的外壳和控制屏的金属屏体连接到安全保护地。CPU 模块上的 PE（保护接地）端子必须连接到大地或者柜体上。信号地（或称控制地、仪表地）是电子设备的电位参考点，例如 PLC 输入回路电源的负极应接到信号地。应使用等电位连接导线和各控制屏，西门子推荐的导线截面积为 $16mm^2$。控制系统中所有的控制设备需要接信号地的端子应保证一点接地。如果将各控制屏或设备的信号地就近连接到当地的安全保护地网络上，电焊可能烧毁设备的通信接口或通信模块。一般情况下数字信号电缆的屏蔽层应两端接地。模拟量电缆的屏蔽层可以在控制柜一端接地，另一端通过一个高频电容接地。

d. 防止变频器干扰的措施。变频器已经成为 PLC 最常见的干扰源。变频器的输入、输出电流含有丰富的高次谐波，通过电力线干扰其他设备。解决方法是在变频器输入侧与输出侧串接电抗器，或安装谐波滤波器，以吸收谐波，抑制高频谐波电流。PLC 的信号线和变频器的输出线应分别穿管敷设，变频器的输出线一定要使用屏蔽电缆或穿钢管敷设。变频器应使用专用接地线，且用粗短线接地。

e. 强烈干扰环境中的隔离措施。强烈的干扰可能使 PLC 输入端的光耦合器中的发光二极管发光，进而使 PLC 产生误动作。解决方法是用小型继电器隔离，用长线引入 PLC 的开关量信号。长距离的串行通信信号可以用光纤来传输和隔离，或使用带光耦合器的通信接口。

　　f. PLC 输出的可靠性措施。负载输出功率超过 PLC 的允许值或负载电压为 DC 220V 时，应设置外部继电器以保障输出可靠。

　　② 故障检测。

　　为及时发现故障和保护系统，可以用梯形图程序实现故障的自诊断和自动处理。

　　a. 逻辑错误检测。PLC 可进行逻辑检测，及时发现逻辑错误。举例：某龙门刨床在前进运动时如果碰到"前进减速"行程开关 I0.4，将进入步 M0.2，工作台减速前进。碰到"前进换向"行程开关 I0.2，将进入再下一步。在前进步 M0.1，如果没有碰到前进减速行程开关，就碰到了前进换向行程开关，说明前进减速行程开关出现了故障。这时转换条件满足，将从步 M0.1 转换到步 M0.6，工作台停止运行，触摸屏显示"前进减速行程开关故障"。操作人员按下故障复位按钮 I1.2 后，故障信息被清除，系统返回初始步。

　　b. 超时检测。机械设备在各步的动作所需的时间一般是固定的，超时会引发故障。举例：减速前进步 M0.2，用定时器 T33 监视步 M0.2 的运行情况，T33 的设定值比减速前进步正常运行的时间略长，正常运行时 T33 不会动作。如果前进换向行程开关 I0.2 出现故障，在 T33 设置的时间到时，T33 的常开触点闭合，由步 M0.2 转换到步 M0.7，工作台停止运行，触摸屏显示"前进换向行程开关故障"。

 议一议：非硬件故障有哪些？

　　③ 检测注意事项。

　　a. 先验电，后操作。

　　b. 正确使用电工仪表仪器，特别是万用表的使用。

　　c. 养成停电后再验电的习惯。

　　d. 检查总停止按钮和停止按钮，是否能够灵活断电。

　　e. 注意静电对电子元气件设备的影响，不用手去摸电路板。

　　f. 电气元件要按规定做好接地防护。

　　g. 采用必要的防护措施，包括安全帽、绝缘手套、绝缘胶鞋等。

　　h. 不能用身体触及带电部位，要有适当的防护措施，衣服要紧身，尽量穿绝缘胶鞋。

　　(2) 学习材料和工具清单

序号	名称	详细信息
1	西门子 S7-200 SMART CPU 模块	1 个
2	计算机及网络	1 套
3	Φ5.5mm 螺丝刀	1 个
4	3mm 平口螺丝刀	1 个
5	万用表	1 个

3.5.4　计划与决策

按照主电路、控制电路的顺序进行系统调试,并对系统功能进行检测的计划与决策。

工作计划

序号	工作内容	使用工具	注意事项	工作时间	
				计划时间	实际时间
1					
2					
3					
4					
5					

小组成员

教师

日期

3.5.5　实施与检查

（1）检测控制系统电源进线处电源开关是否完好。

（2）检测主回路断路器、RCD 等保护元件是否完好。

（3）检测主回路接触器是否完好。

（4）检测热继电器是否完好。

（5）检测接线端子是否完好。

（6）采用必要的防护措施，包括安全帽、绝缘手套、绝缘胶鞋等。

（7）不能用身体触及带电部位，要有适当的防护措施，衣服要紧身，尽量穿绝缘胶鞋。

3.5.6　评价与总结

检测编号	测量值	小组互评(30%)	教师评价(70%)
1	会分析故障原因		
2	工具使用规范		
3	工作态度		
4	能够根据现象进行程序调试		
5	最终呈现作品效果		
合计			

分拣控制系统调试效果是否符合要求：　　　是　○　　　　否　○

评价人：　　　　　　　　　日期：

＿＿＿＿专业	机电设备 PLC 控制与调试	评价与总结
	项目 3　分拣控制系统安装与调试	学习任务 3.5

任务 3.6　分拣控制系统交付

3.6.1　任务描述

学习目标

(1) 有精益求精的工匠精神。

(2) 增强"安全、环保、标准"意识。

(3) 掌握产品使用说明书的撰写规范。

(4) 掌握技术文件的归档方法。

(5) 提高文字处理能力。

(6) 提高沟通与表达能力。

(7) 会撰写分拣控制系统使用说明书。

工作内容

完成分拣控制系统的产品使用说明书，并在小组间相互进行产品使用培训。

任务准备资料

(1) 工具：计算机、网络及相关文字处理软件。

(2) 资料查阅：相关论坛、贴吧、小木虫等网站查阅最新资料。

注意事项

在掌握产品特性的基础上，调研用户需求，掌握销售技巧。

3.6.2　预习任务

（1）举例说明机电一体化产品系统交付的重要性。

（2）机电一体化产品交付所包含的工作环节有哪些？

（3）交付过程中哪些环节有助于创新和改进产品？

3.6.3　资讯

（1）知识储备

① 产品交付的必要性。机电一体化系统交付的目的：学生能够以文字和图像的方式整理关于机电一体化系统的信息，并能将其演示、报告；学生能对设备操作人员和维护人员加以指导。通过产品交付学生应具备以下能力：

a. 专业能力：掌握人机接口设备的调试方法；掌握设备层总线的调试方法；掌握技术文件的归档方法；会撰写用户使用说明书。

b. 核心能力：学习能力，方法能力，社交能力等。

c. 增强安全的认识，明确标准的认知，增强工具的使用以及环保意识。

学习内容包括：团队合作、自我检查、产品的适应性特征、产品的竞争力、与其他系统在功能性方面的合作、详细的计划，如图 3-27 所示。结合实际教学情况，通过归纳划分，具体落实为撰写技术文档、开展汇报演讲和撰写外文说明书三个部分，在每个部分中都有团队合作、自我检查以及产品的竞争力等相关内容的体现。

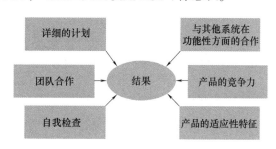

图 3-27　学习内容

② 产品的适用性。适用性是指产品适合使用的特性，包括使用性能、辅助性能和适应性。注意产品的使用性能与产品功能的区别：产品的功能反映产品可以做什么，产品的使用性能是指产品做得怎么样；辅助性能是指保障使用性能发挥作用的性能；适应性是指产品在不同的环境下依然保持其使用性能的能力。如一辆轿车，其有无天窗属于汽车的功能范畴，不属于质量范畴，天窗是否好用，是否漏水则属于使用性能问题，属于质量范畴；一块手表走时是否准确属于使用性能范畴，是否带有夜光则属于辅助性能范畴，是否提供水下 30m 防水则是适应性范畴。

③ 产品的竞争性分析。竞争产品是指相同或相近似类别的、互相构成竞争关系的商品。通常，机电一体化产品为竞争性产品。

非竞争性是指该产品被生产出来以后，增加一个消费者不会减少任何一个人对该产品的消费数量和质量，其他人消费该产品的额外成本为零，换句话说，增加消费者的边际成本为零。它包含四层含义：

a. 同一单位的非竞争性产品可以被许多人消费，它对某一个人的供给并不减少对其他人的供给。

b. 某人享用该非竞争性产品得到收益并不减少其他人享用该产品所得到的收益，不会带来"拥挤成本"。

c. 非竞争性产品一旦被提供，消费者的增多并不导致该非竞争性产品生产成本的增加，生产方面无须追加资源的投入来增加供给。

d. 不可或没有能力竞争。

 议一议：产品的竞争力。

竞品分析结果作为一种参考依据，通常服务于领导及产品管理层对产品信息动态的关注并及时调整相关目标，主要包括：

a. 为企业制定产品战略规划、产品布局、提高市场占有率提供一种相对客观的参考依据。

b. 随时了解竞争对手的产品和市场动态，如果数据渠道可靠稳定，根据相关数据信息判断出对方的战略意图和最新调整方向。

c. 可掌握竞争对手的资本背景，市场用户细分群体的需求，满足空缺市场。

d. 自我快速调整，以保持自身产品在市场上的稳定性或者快速提升市场占有率。

做竞品分析主要收集以下信息：

a. 公司技术、市场、产品、运营团队规模及核心目标和行业品牌影响力。

b. 实际季度或年度盈利数值，及各条产品线资金重点投入信息。

c. 用户群体覆盖面、市场占有率、运营盈利模式。

d. 产品功能细分及对比。

e. 产品平台及官方的排名和关键字等。

④ 产品交付工作内容。

a. 声明。

b. 操作流程。

c. 技术指标。

d. 安全使用注意事项。

e. 系统外观图。

f. 零件及设备组件清单。

g. I/O 端口分配表。

h. 气动与接线图。

i. 电气原理图。

j. PLC 接线图与电路图。

k. PLC 程序记录。

l. 调试报告、测试记录。

 议一议：产品交付流程。

（2）学习材料和工具清单

序号	名称	详细信息
1	中国工控网	http://www.gongkong.com/
2	中国大学 MOOC《电气控制实践训练》课程	https://www.icourse163.org/course/XMU-1001770002
3	西门子官网	https://new.siemens.com/cn/zh.html
4	分拣控制系统案例（含天猫和京东等）	—
5	计算机及网络	1 套

3.6.4　计划与决策

完成产品说明书和培训方案的计划与决策。

工作计划

序号	工作内容	使用工具	注意事项	工作时间	
				计划时间	实际时间
1					
2					
3					
4					
5					

小组成员

教师　　　　　　日期

3.6.5　实施与检查

1. 制作分拣控制系统使用说明书。
2. 开展面向客户的产品使用培训。
3. 分组展示调查结果,每组 20min。

3.6.6　评价与总结

检测编号	测量值	小组互评(30%)	教师评价(70%)
1	说明书平实易懂,符合规范		
2	培训过程清晰合理		
3	工作态度		
4	给客户留下良好印象		
5	最终呈现作品效果		
合计			

产品交付是否符合要求:　　　　是 ○　　　　否 ○

评价人:　　　　　　　　　　日期:

_____专业	机电设备 PLC 控制与调试	评价与总结
	项目 3　分拣控制系统安装与调试	学习任务 3.6

【延伸阅读】

大国工匠——管延安：中国"深海钳工"第一人

管延安，1977 年 6 月出生，1995 年参加工作后努力钻研技术，先后参与了世界三大救生艇企业之一——青岛北海船厂、国内最大集装箱中转港——前湾港等大型工程建设，先后荣获全国五一劳动奖章、全国技术能手、全国职业道德建设标兵、中国质量工匠、"最美职工"等荣誉称号。

2013 年，管延安受命带领他的钳工团队参与建设港珠澳大桥岛隧工程。在长达 5.6km 的外海沉管隧道最深 40m 海底处实现厘米级精准对接，管延安负责安装沉管阀门螺丝，在深海中完成两节沉管精准对接，确保沉管不渗水、不漏水，沉管接缝处间隙必须小于 1mm，其难度系数丝毫不亚于"神舟九号"与"天宫一号"对接。1mm 的间隙，根本无法用肉眼做出判断。管延安通过一次次的拆卸，凭借精巧的"手感"，创下了零缝隙的奇迹，并且练就自己的绝活：左右手拧螺丝均能实现误差不超过 1mm，通过敲击螺丝金属碰撞发出的声音，判断装配是否合乎标准。也正因为如此，他被称为中国"深海钳工第一人"。

在港珠澳大桥建设的 5 年里，管延安团队先后完成了 33 节巨型沉管和 6000t 最终接头的舾装任务，创造了 60 多万颗螺丝无一差错奇迹，在世界首条"滴水不漏"的外海沉管隧道建设中，他向世界展现了中国工匠独有的技艺技法。

管延安工作作风极其严谨，每一颗螺丝安装后，他都要反复检查。在工作中，他养成了一个独特的习惯：给每台修过的机器、每个修过的零件做记录，详细记录在施工日志本上，除此之外，还附有自画的"图解"。在港珠澳大桥建设期间，他制作的几本"图解档案"已被收录进港珠澳大桥沉管预制博物馆。如今他也将这个工作习惯传给了徒弟。2015 年"五一"前夕，中央电视台系列纪录片《大国工匠》之《深海钳工》专题报道了他的先进事迹。

思考：怎样才能成为一名大国工匠？

参 考 文 献

［1］ 廖常初. S7-200 SMART PLC 编程及应用 ［M］. 3 版. 北京：机械工业出版社，2019.

［2］ 西门子（中国）有限公司. S7-200 SMART 可编程序控制器产品目录 ［Z］，2017.

［3］ 西门子（中国）有限公司. S7-200 SMART 可编程序控制器系统手册 ［Z］，2017.

［4］ 朱利萍，韩开绯. 秘书写作实务 ［M］. 2 版. 重庆：重庆大学出版社，2019.

［5］ 刘仙洲. 中国机械工程发明史 ［M］. 北京：北京出版社，2020.

［6］ 中国工控网 http：//www. gongkong. com/.

［7］ 中国大学 MOOC《电气控制实践训练》课程 https：//www. icourse163. org/course/XMU-1001770002.

［8］ 中国大学 MOOC《写作与交流》课程 https：//www. icourse163. org/course/JIANGNAN-1001753344.